Excel VBAの エラーを直す本

A book to fix errors in Excel VBA

なぜ、あなたの VBAはスムーズに 動かないのか？

澤田竹洋 Sawada Takehiro

インプレス

■ ご購入・ご利用の前に必ずお読みください

本書は、2025年3月現在の情報をもとに「Microsoft 365のExcel」の操作について解説しています。下段に記載の「本書の前提」と異なる環境の場合、または本書発行後に「Microsoft 365のExcel」の機能や操作方法、画面などが変更された場合、本書の掲載内容通りに操作できない可能性があります。本書発行後の情報については、弊社のホームページ（https://book.impress.co.jp/）などで可能な限りお知らせいたしますが、すべての情報の即時掲載ならびに、確実な解決をお約束することはできかねます。本書の運用により生じる、直接的、または間接的な損害について、著者ならびに弊社では一切の責任を負いかねます。あらかじめご理解、ご了承ください。

本書で紹介している内容のご質問につきましては、巻末をご参照の上、お問い合わせフォームかメールにてお問い合わせください。電話やFAXなどでのご質問には対応しておりません。また、本書の発行後に発生した利用手順やサービスの変更に関しては、お答えしかねる場合があることをご了承ください。

■ 本書の前提

本書では「Windows 11」に「Microsoft 365 Personal」がインストールされているパソコンで、インターネットに常時接続されている環境を前提に画面を再現しています。

Microsoft、Windows、Excelは、米国Microsoft Corporationの米国およびそのほかの国における登録商標または商標です。
その他、本書に記載されている会社名、製品名、サービス名は、一般に各開発メーカーおよびサービス提供元の登録商標または商標です。
なお、本文中にはTMおよびRマークは明記していません。

Copyright © 2025 Takehiro Sawada. All rights reserved.

本書の内容はすべて、著作権法によって保護されています。著者および発行者の許可を得ず、転載、複写、複製等の利用はできません。

はじめに

AIの進化により、プログラミングはかつてないほど身近な存在になりました。簡単な指示でコードが生成できる時代ですが、AIが作成したVBAコードがそのまま問題なく動作するケースは、残念ながらまだ多くありません。

実際に業務でVBAを活用しようとすると、予期せぬエラーに遭遇することが頻繁にあります。エラーメッセージが表示されても、その意味を理解し、原因を特定して修正できなければ、自動化の恩恵を受けることはできません。

これからの時代に求められるのは、単にコードを書けることではありません。エラーを正確に読み解き、適切に修正するスキルです。エラーメッセージは、プログラムが期待通りに動かない原因を教えてくれる重要な手がかりなのです。

本書は、VBAで頻繁に発生するエラーを取り上げ、エラーが発生する原因を特定し、具体的なコード修正例を示しながら解説します。コンパイルエラーから実行時エラーまで、様々なエラーパターンを網羅し、VBAに不慣れな方がつまずきやすいポイントを重点的に説明しています。
本書を通じて、エラーへの対応力を身につけ、VBAプログラミングのスキルをさらに向上させる一助となれば幸いです。

2025年4月　澤田 竹洋

CONTENTS

本書の前提 ……………………………………………………………… 002
まえがき ………………………………………………………………… 003
本書の使い方 …………………………………………………………… 015
本書の読み方 …………………………………………………………… 016
練習用ファイルの使い方 ……………………………………………… 018
練習用ファイルの内容 ………………………………………………… 020

第1章 基本的なエラー解決の方法を学ぼう

- **STEP 01** 2種類のエラーについて知っておこう …………………… 022
- **STEP 02** コンパイルエラーの解消方法を確認しよう …………… 026
- **STEP 03** 実行時エラーの解消方法を確認しよう ………………… 028
- **STEP 04** プログラムを中断せずにエラーを処理するには ……… 030
- **STEP 05** On Error GoToの活用方法 ……………………………… 032

第2章 コンパイルエラーを解決しよう

Compile Error 001 End Ifに対応するIfブロックがありません。……… 038
- エラー例① 「End If」を削除し忘れた …………………………… 038
- 修正例① 不要なEnd Ifステートメントを削除する ……………… 039
- エラー例② 改行が入っていない …………………………………… 039
- 修正例②-a Thenの後ろは改行する ………………………………… 040
- 修正例②-b Thenの後ろを残す場合は「End If」を削除する …… 040

Compile Error 002 For Eachを配列で使用する場合は、
バリアント型の配列でなければなりません。……… 042
- エラー例① 要素を代入する変数のデータ型が不適切 …………… 042
- 修正例① 変数のデータ型を修正する ……………………………… 043
- エラー例② Variant以外のデータ型で変数が宣言されている …… 044
- 修正例② 変数のデータ型をVariant型にする …………………… 045

Compile Error 003 Ifブロックに対応するEnd Ifがありません。……… 046
- エラー例① 「End If」が記述されていない ……………………… 046

修正例①	End Ifを追記する	047
エラー例②	「End If」が不足している	047
修正例②	End Ifを追記する	048

Compile Error 004　SubまたはFunctionが定義されていません。　050
エラー例①	呼び出すプロシージャのスペルを誤った	050
修正例①	プロシージャのスペルを修正する	051
エラー例②	プロパティのスペルを誤った	051
修正例②	プロパティのスペルを修正する	052

Compile Error 005　値の取得のみ可能なプロパティに
　　　　　　　　　値を設定することはできません。　053
| エラー例 | Nameプロパティに値を代入した | 053 |
| 修正例 | 目的に適したプロパティやメソッドに変更する | 054 |

Compile Error 006　同じ適用範囲内で宣言が重複しています。　055
エラー例①	プロシージャ内で同じ名前の変数を宣言している	055
修正例①	変数名が重複しないよう名前を変更する	056
エラー例②	プロシージャ内で同じ名前の定数を宣言している	057
修正例②	定数名が重複しないよう名前を変更する	057
エラー例③	プロシージャ内で同じ名前の引数を宣言している	058
修正例③	引数の名前を変更する	059

Compile Error 007　構文エラー　060
エラー例①	IfステートメントでThenが抜けている	060
修正例①	Thenを追記する	061
エラー例②	引数のカンマの記述が漏れている	061
修正例②	カンマを追記する	062
エラー例③	引数にParamArrayとOptionalを併記した	062
修正例③	ParamArrayとOptionalはどちらかだけにする	063
エラー例④	Functionプロシージャの呼び出しにCallを使用した	063
修正例④	「Call」を削除する	064

Compile Error 008　参照が不正または不完全です。　066
| エラー例 | 「.」から始まる命令の記述場所を間違っている | 066 |
| 修正例 | 「.」から始まる命令文の記述場所を変更する | 067 |

Compile Error 009　修正候補:区切り記号または)　068
| エラー例① | 括弧が閉じられていない | 068 |

修正例①	括弧を閉じる	069
エラー例②	引数の区切りにカンマがない	069
修正例②	カンマで引数を区切る	070

Compile Error 010　修正候補:識別子　071

エラー例①	名前の先頭に数字を使用した	071
修正例①	アルファベットから変数名を始める	072
エラー例②	予約語を識別子に使用した	072
修正例②	予約語と異なる変数名にする	073

Compile Error 011　修正候補:ステートメントの最後　074

エラー例①	不要なセミコロンが入力されている	074
修正例①	セミコロンを削除する	075
エラー例②	引数を囲む括弧がない	075
修正例②	括弧で引数を囲む	076

Compile Error 012　定数式が必要です。　077

エラー例①	変数を定数に割り当てた	077
修正例①	変数を含む計算は、変数に代入する	078
エラー例②	関数の戻り値を定数に割り当てた	078
修正例②	関数の戻り値は変数に代入する	079
エラー例③	オブジェクトを定数に割り当てた	079
修正例③	オブジェクトは変数に代入する	080
エラー例④	静的配列の要素数を変数で指定した	080
修正例④	要素数を変数で指定する場合は動的配列にする	081

Compile Error 013　定数には値を代入できません。　083

エラー例①	定数宣言後に値を代入した	083
修正例①	定数への値の再設定を削除する	084
エラー例②	Addressプロパティに値を代入した	084
修正例②	Rangeプロパティでセルを取得しなおす	085

Compile Error 014　名前が適切ではありません　086

エラー例①	変数名と定数名が重複している	086
修正例①	変数名と定数名が重複しないように変更する	087
エラー例②	Subプロシージャの名前が重複している	087
修正例②	プロシージャ名が重複しないように変更する	088

Compile Error 015　名前付き引数が見つかりません。　090

エラー例①	名前付き引数のスペルが間違っている	090
修正例①	名前付き引数のスペルを修正する	091
エラー例②	存在しない名前付き引数を指定する	091
修正例②	Left関数の引数を修正する	092

Compile Error 016　引数の数が一致していません。
　　　　　　　　　　　　または不正なプロパティを指定しています。 094

エラー例①	関数の引数が多すぎる	094
修正例①-a	不要な引数を削除する	095
修正例①-b	適切な関数に変更する	095
エラー例②	もとからある関数を上書きした	096
修正例②	VBA関数を明示して呼び出す	097

Compile Error 017　引数は省略できません。 098

エラー例①	引数が不足している	098
修正例①	不足している引数を追記する	099
エラー例②	引数の指定が漏れている	099
修正例②	引数を指定する	100

Compile Error 018　プロパティの使い方が不正です。 101

エラー例①	代入演算子「=」が欠落	101
修正例①	代入演算子「=」を追記	102
エラー例②	引数の括弧()が省略されている	102
修正例②	引数の括弧()を追記	103
エラー例③	プロパティの値を使用していない	103
修正例③	メソッドの引数としてプロパティを使用する	104
エラー例④	コレクションに値を代入しようとした	104
修正例④	引数を使用してコレクションから特定の要素を取り出す	105

Compile Error 019　変数が定義されていません。 106

エラー例①	変数の名前を誤入力した	106
修正例①	変数名を正しく記述する	107
エラー例②	宣言していない変数を使用した	107
修正例②	カウンタ変数を宣言する	108

Compile Error 020　メソッドまたはデータメンバーが見つかりません。 109

エラー例①	フォームのコントロールが存在しない	109
修正例①	コントロールの名称を修正する	110

エラー例②	ユーザー定義型で存在しないプロパティにアクセスした	110
修正例②-a	存在しないプロパティへのアクセスを削除する	111
修正例②-b	ユーザー定義型にプロパティを追加する	112

Compile Error 021　ユーザー定義型は定義されていません。　113
| エラー例 | データ型の記述を間違えた | 113 |
| 修正例 | データ型のスペルを正しく記述する | 114 |

第3章　実行時エラーを解決しよう

Code 0003　Returnに対応するGoSubがありません。　116
エラー例①	Returnに対応するGoSubがない	116
修正例①	Returnステートメントを削除する	117
エラー例②	行ラベルの前にExit Subがない	118
修正例②	Exit Subを追記する	119
エラー例③	GotoとReturnを誤って組み合わせた	121
修正例③	ReturnをResume Nextに置き換える	122

Code 0005　プロシージャの呼び出し、または引数が不正です。　124
エラー例①	VBA固有の関数に誤った引数を指定した	124
修正例①	Left関数の第2引数を0以上の数値にする	125
エラー例②	半角のスペースが存在しない	126

Code 0006　オーバーフローしました。　129
エラー例①	データ型の範囲を超える数値を代入した	129
修正例①	変数priceのデータ型をLongにする	130
エラー例②	Integer同士の計算が範囲外となる場合	131
修正例②	変数priceのデータ型をLongにする	132

Code 0009　インデックスが有効範囲にありません。　134
エラー例①	配列の範囲外のインデックスを参照した	134
修正例①	Worksheetsコレクションに正しいシート名を指定する	135
エラー例②	Array関数で作った配列に誤ったインデックスを指定した	136
修正例②	初期値と最終値を関数で設定する	138
エラー例③	Worksheetsコレクションのインデックスに0を指定した	139

修正例③	Worksheetsコレクションのインデックスに	
	適切な数値を指定する	140
Code 0010	この配列は固定されているか、または一時的にロックされています。	143
エラー例①	For Eachステートメントで操作中の配列を再定義した	143
修正例①	For~Nextステートメントで配列を初期化する	145
エラー例②	ロックされた固定配列を別のプロシージャで再定義した	147
修正例②	初期値と最終値を関数で設定する	148
エラー例③	モジュールレベルの配列を	
	複数のプロシージャで操作した	150
修正例③	Subプロシージャにカウンタ変数だけ渡す	151
Code 0011	0で除算しました。	154
エラー例	除算で割る数値が0になっていた	154
修正例	割る数字が0の場合の処理を追加する	155
Code 0013	型が一致しません。	158
エラー例①	データ型と異なる値を代入した	158
修正例①	データ型に沿った値を入力する	159
エラー例②	プロシージャの引数に、	
	定義と異なるデータ型を指定した	162
修正例②	正しいデータ型でSubプロシージャを呼び出す	163
エラー例③	期待したデータ型と異なる値をセルから取り込んだ	165
修正例③	If~Thenステートメントで数値かどうかチェックする	166
Code 0020	エラーが発生していないときに	
	Resumeを実行することはできません。	168
エラー例①	エラーハンドラ以外の場所にResumeを記述した	168
修正例①	ResumeをReturnステートメントに置き換える	170
エラー例②	エラーが発生していない状況でResumeを実行した	171
修正例②	Exit Subで通常処理の終了位置を明示する	173
Code 0028	スタック領域が不足しています。	175
エラー例①	再帰処理のミスでプロシージャが大量に呼び出された	175
修正例①	再帰処理を行うプロシージャの引数を修正する	176
エラー例②	再帰処理中にVBAのスタック領域の上限を超えた	177
修正例②	For~Nextステートメントにしてスタック領域を節約する	178

Code 0052	ファイル名または番号が不正です。	180
エラー例①	ファイル名やパス名として使用できない記号を使った	180
修正例①	適切なファイル名に修正する	181
エラー例②	未使用のファイル番号を指定した	182
修正例②	正しいファイル番号を指定する	183
Code 0053	ファイルが見つかりません。	186
エラー例①	Openで指定した場所にファイルが存在しなかった	186
修正例①	ファイル名を正しく入力する	187
エラー例②	LoadPictureで指定した画像が存在しなかった	188
修正例②	ファイル名を正しく入力する	189
Code 0054	ファイルモードが不正です。	190
エラー例	ファイルの読み込み時に誤ったモードを指定した	190
修正例	OpenステートメントのモードをOutputに変更する	191
Code 0055	ファイルは既に開かれています。	194
エラー例①	Openで指定したファイル番号が重複した	194
修正例①	適切なファイル番号を指定する	196
エラー例②	Openで開いたファイルを閉じる前に操作しようとした	197
修正例②	ファイル番号1を閉じてからNameステートメントでファイル名を変更する	199
Code 0058	既に同名のファイルが存在しています。	201
エラー例①	同じ名前がすでに存在していた	201
修正例①-a	同じ名前のファイルが存在しているときの処理を追加する	202
修正例①-b	エラーハンドリングを活用して失敗処理に対処する	204
Code 0062	ファイルにこれ以上データがありません	206
エラー例①	ループの終了条件が不適切でエラーが発生	206
修正例①	ループの終了条件を正しく記述する	208
エラー例②	ファイルの読み取り位置を変更せず、再度ファイルを読み込んだ	209
修正例②	ファイルの読み取り位置を冒頭に移動する	211
Code 0067	ファイルが多すぎます	213
エラー例	Openステートメントで開いたファイルが多すぎた	213
修正例	ファイルを閉じる処理を追加する	214

Code 0068	デバイスが準備されていません。	216
エラー例	存在しないドライブにアクセスした	216
修正例	ドライブ名を正しく入力する	217
Code 0070	書き込みできません。	222
エラー例①	現在開いているブックをFileCopy関数やKill関数で操作した	222
修正例①	開いているブックを閉じてから操作する	224
エラー例②	読み込みのみ可能なファイルをINPUT/APPENDモードで開いた	225
Code 0075	パス名が無効です。	227
エラー例①	アクセス権限のないフォルダー内のファイルやフォルダーを操作した	227
修正例①	アクセス権限のある場所でフォルダやファイルを作成する	228
エラー例②	読み取り専用のファイルを編集した	230
修正例②	ファイルの属性をチェックしてから書き込みする	230
Code 0076	パスが見つかりません。	233
エラー例	Openステートメントで読み込もうとした場所にファイルが存在しなかった	233
修正例	環境変数を使ってパスを構築する	234
Code 0091	オブジェクト変数またはWithブロック変数が設定されていません。	239
エラー例①	Setステートメントを使わずにオブジェクトを変数に代入した	239
修正例①	Setステートメントを追記する	240
エラー例②	オブジェクト変数だけを宣言し、オブジェクトを代入していない	241
修正例②	変数にオブジェクトを代入してから操作する	243
Code 0092	Forループが初期化されていません。	245
エラー例①	操作対象となる配列が適切に定義されていない	245
修正例①	配列に適切なデータを代入する	246
エラー例②	Nextの記述位置を間違えている	247
修正例②	Nextを適切な場所に記述する	248

Code 0093	パターン文字列が不正です。	250
エラー例	Like演算子のパターン文字列に、不正な値を設定した	250
修正例	Like演算子に適切なパターン文字列を設定する	252
Code 0094	Nullの使い方が不正です。	253
エラー例①	Variant型以外の変数にNullを代入した	253
修正例①	Nullが入る可能性がある変数はVariant型にする	254
エラー例②	Nullのまま変数に代入して計算した	256
修正例②	Nullを想定して条件分岐を作る	257
Code 0380	プロパティを設定できません。プロパティの値が無効です。	259
エラー例①	Openステートメントで読み込もうとした場所にファイルがなかった	259
修正例①	リストボックスを初期化してから選択場所を設定する	260
エラー例②	RowSourceプロパティに誤った値を指定した	261
修正例②	取り込みたいセル範囲を文字列で指定する	262
Code 0381	Listプロパティを設定できません。プロパティ配列のインデックスが無効です。	263
エラー例①	オブジェクトのプロパティ配列に無効な値を代入した	263
修正例①	配列を求めるプロパティにリストを代入する	264
エラー例②	Listプロパティに範囲外のインデックスを使用した	265
修正例②	ListIndexプロパティの値を検証する	266
Code 0400	フォームは既に表示されているので、モーダル表示することはできません。	268
エラー例	表示済みのフォームを再度表示しようとした	268
修正例	フォームの再表示コードをコメントアウトする	270
Code 0402	一番手前(前面)のモーダルフォームを先に閉じてください。	271
エラー例	表示済みのフォームを再度表示しようとした	271
修正例	フォームを閉じる順番を変更する	273
Code 0424	オブジェクトが必要です。	274
エラー例	オブジェクトが必要なプロパティを誤って操作した	274
修正例	Setステートメントで代入する	275
Code 0429	ActiveXコンポーネントはオブジェクトを作成できません。	276
エラー例	CreateObject関数の引数に誤ったオブジェクト名を指定した	276

| 修正例 | 正しいオブジェクト名を入力する | 277 |

Code 0438 オブジェクトは、このプロパティまたはメソッドをサポートしていません。 279

エラー例①	存在しないプロパティを操作した	279
修正例①	正しいプロパティ名を入力する	280
エラー例②	存在しない既定のプロパティを使った	281
修正例②	適切なプロパティ名を指定する	282

Code 0451 Property Letプロシージャが定義されておらず、Property Getプロシージャからオブジェクトが返されませんでした。 284

| エラー例 | ディクショナリのデータを誤った方法で操作した | 284 |
| 修正例 | Keys、Itemsメソッドには引数を指定しない | 285 |

Code 0453 エントリ○○がDLLファイル××内に見つかりません。 287

| エラー例 | 存在しない関数を呼び出した | 287 |
| 修正例 | 正しい関数名を入力する | 288 |

Code 0457 このキーは既にこのコレクションの要素に割り当てられています。 291

| エラー例 | コレクションにすでに存在するキーを追加した | 291 |
| 修正例 | いったん要素を削除してから再追加する | 292 |

Code 0462 リモートサーバーがないか、使用できる状態ではありません。 294

| エラー例 | 操作対象のアプリのオブジェクトを開放した | 294 |
| 修正例 | 処理が終わってからオブジェクトを開放する | 295 |

Code 0481 ピクチャが不正です。 297

| エラー例 | 対応しない形式の画像をフォームに読み込んだ | 297 |
| 修正例 | 対応する形式で画像を準備する | 298 |

Code 1004 アプリケーション定義またはオブジェクト定義のエラーです。 299

エラー例①	Cellsプロパティで引数の指定方法を誤った	299
修正例①	Cellsプロパティに適切な数値を指定する	300
エラー例②	別シートのセルを選択した	301
修正例②	選択対象のシートを事前に開く	302
エラー例③	列・行全体を選択しない状態で長さを自動調整した	303
修正例③	行全体・列全体を選択してからメソッドを実行する	304

エラー例④	存在しないブックを開いた	305
修正例④	パスを指定し直す	305
エラー例⑤	存在しない画像を挿入した	306
修正例⑤	パスを指定し直す	306
エラー例⑥	未入力のセルを並べ替えた	307
エラー例⑦	列幅・行幅を文字列で指定した	307
修正例⑦	数値のみを記述する	308

第4章 エラー解決力を高めるVBAリファレンス

keyword 01	プロシージャと構成する要素	310
keyword 02	オブジェクトとコレクション	314
keyword 03	変数・定数	319
keyword 04	データ型	324
keyword 05	配列	327
keyword 06	演算子	331
keyword 07	関数	334
keyword 08	条件分岐	337
keyword 09	繰り返し処理	343

| 索引 | 348 |
| スタッフリスト | 351 |

本書の使い方

本書は以下のような構成になっています。まずは第1章でエラーシューティングの基礎を確認し、その後はエラーの種類に応じて第2章または第3章をご参照ください。また、本文に登場した用語や概念について確認する場合は、第4章をご参照ください。

第1章 基本的なエラー処理の方法を学ぼう

「そもそもVBAにはどのようなエラーが発生するのか」について知るところからはじめましょう。さらに、エラーが発生したときの基本的な対処についても解説します。

第2章 コンパイルエラーを解決しよう

いよいよ、具体的なエラーとその解消方法について見ていきます。第2章では、コードの入力中あるいはコンパイル中に発生するエラーについて詳しく解説します。
コンパイルエラーは五十音順に掲載しています。

第3章 実行時エラーを解決しよう

第3章では、プログラムの実行中に発生するエラーと、その解消方法について詳しく解説します。実行時エラーはエラーの番号順に掲載しています。本書のエラー番号と照らし合わせて解決のヒントを探っていきましょう。

第4章 エラー解決力を高めるVBAリファレンス

プロシージャ、オブジェクト、変数など、エラーの対処に必須となる用語や基礎知識を分かりやすくまとめました。本書を読み進める中での辞書的な役割だけでなく、知識の底上げとしてもご活用ください。

本書の読み方

本書は、Excel VBA のエラーを素早く探し、解決できるように構成されています。第 1 章でエラーについての基礎を確認し、第 2 章、第 3 章でエラーごとの具体的な解決方法を紹介します。

エラーメッセージ
VBA のエラーで表示されるメッセージを表しています。なお、第 2 章はエラーの五十音順、第 3 章はエラーの番号順に掲載しています

Compile Error 002

For Each に指定する変数はバリアント型変数またはオブジェクト型でなければなりません。

エラーの意味

エラーの意味
エラーが示す内容を解説します。

For Each ステートメントで使用する要素変数は、すべての型を格納できる Variant 型、またはコレクション内の要素と同じオブジェクト型でなければなりません。その他のデータ型の変数を For ... Each ステートメントの要素変数として使用した場合にコンパイルエラーが発生します。(オブジェクト、コレクション…314 ページ、データ型…324 ページ、配列…327 ページ)。

関連語句
本文に登場した語句について、第 4 章の掲載ページを表しています。

■ 考えられる原因

1 For ... Each ステートメントでコレクションや配列の要素を代入する変数が、不適切なデータ型で宣言されている

For Each ステートメントで配列を処理する際、要素を受け取る変数が不適切なデータ型で宣言されているため、エラーが発生しています。

エラー例
エラーを発生させるコードを掲載しています。エラーの原因や関連箇所を強調しています。

● エラー例①

要素を代入する変数のデータ型が不適切

```
1  Sub␣エラー例1() ↵
2  [Tab] Dim␣rng␣As␣Integer ↵
3  [Tab] For␣Each␣rng␣In␣Range("A1:B3") ↵
4  [Tab][Tab] Debug.Print␣rng ↵
```

＊ここに掲載している紙面はイメージです。実際のページとは異なります。

各節のアイコンの意味

第1章ではVBAエラー解決の基礎を学びます。

第2章はコンパイルエラーの解決方法を、エラーの五十音順に解説します。

第3章は実行時エラーの解決方法を、エラーの番号順に解説します。

第4章はVBAエラー解決に必須の概念などを紹介します。

全行日本語訳
VBAのコードについて、その意味を1行ずつ解説しています。エラーの原因についても詳しく紹介しています。

修正例
エラーを回避するためにどこを修正するかを紹介しています。

修正箇所の解説
修正箇所の解説と、エラーの解決方法を掲載しています。

練習用ファイルの使い方

本書では無料の練習用ファイルを用意しています。
練習用ファイルと書籍を併用することで、より理解が深まります。

■ 練習用ファイルのダウンロード方法と保存場所

弊社Webサイトにアクセスしてダウンロードしてください。本書では練習用ファイルをシステムドライブ（一般的にはCドライブ）の直下に保存した状態を前提としています。ダウンロードしたファイルを展開し、システムドライブに保存してください。

練習用ファイルのダウンロードページ

https://book.impress.co.jp/books/1124101063

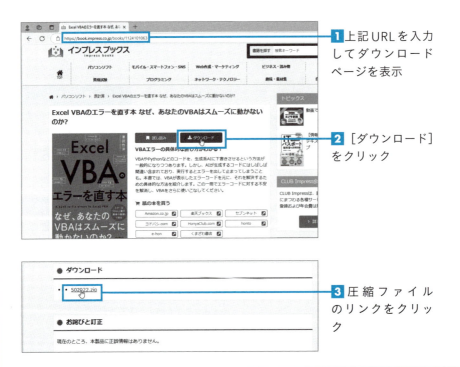

1 上記URLを入力してダウンロードページを表示

2 ［ダウンロード］をクリック

3 圧縮ファイルのリンクをクリック

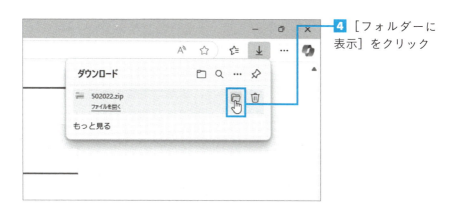

4 [フォルダーに表示] をクリック

5 [すべて展開] をクリック

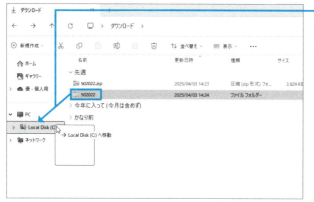

6 [502022] フォルダーを [Local Disk(C:)] へドラッグ

練習用ファイルの内容

練習用ファイルは章ごと、エラーコードごとにフォルダーを分けています。さらにエラー例、修正例の状態でフォルダーを分けています。各フォルダーの中からコンパイルエラー名、実行時エラー番号に合うファイルを探してください。

なお、練習用ファイルを実行した場合は、書籍に掲載されているエラーメッセージとやや異なる内容が表示される場合があります。

■ 練習用ファイルのフォルダー構成

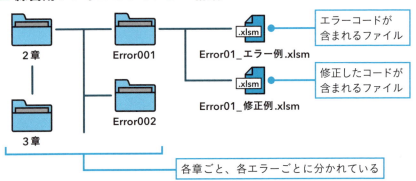

■ [保護ビュー]が表示された場合は

インターネットを経由してダウンロードしたファイルを開くと、保護ビューで表示されます。ファイルの入手時に配布元をよく確認して、安全と判断できた場合は[編集を有効にする]ボタンをクリックしてください。なお、[セキュリティの警告]が表示された場合は、練習用ファイルに同梱の「セキュリティの警告が表示された場合は.pdf」を参照してください。

第 1 章

基本的な
エラー解決の
方法を学ぼう

この章では、VBAでエラーが発生すると、どのように表示されるか、メッセージには何が書かれているか、といったエラーに関する基本的な知識を解説します。本章で身につけた技術をもとにエラーメッセージを読み解き、原因を特定して修正する手掛かりをつかみましょう。

STEP 01 2種類のエラーについて知っておこう

エラーは2つに大別できる

Excelで正常に動作するようVBAのコードを記述しているつもりでも、いざ実行するとエラーが起こることがあります。エラーにはいくつもの種類がありますが、大きく分けて**「コンパイルエラー」「実行時エラー」**の2つに分類できます。各エラーの特徴を知っておけば、慌てず適切に対処できます。

■ エラー比較表

項目	コンパイルエラー	実行時エラー
発生するタイミング	コンパイル時	プログラムの実行中
エラーの原因	文法や構文の間違い	実行中の予期しない状況
エラーの検出と表示	コンパイル時に検出され、エラーメッセージを表示する	プログラムの実行中に検出され、エラー番号とメッセージを表示する
エラー番号	なし	あり
エラーの影響	プログラムが実行されない	プログラムが中断される
解決方法	文法や構文を修正する	処理に必要なデータが適切か確認する

コンパイルエラーとは

コンパイルエラーとは、**コードの文法ミスが原因で発生するエラー**のことです。コードの入力途中、またはコンパイルを実行するときにエラーを示すメッセージが表示され、プログラムの実行前に終了します。コンパイルエラーの具体例については**第2章**で詳しく解説します。

コンパイルエラーはプログラムを実行する前に発生します。

■ コンパイルエラーが起こる原因

コンパイルエラーが起こる主な原因はいくつかありますが、特に発生頻度が高いものは以下の3つです。

①構文の記述ミス

VBAの文法ルールが間違っている場合に発生します。主な例は以下の通りです。

- If文やWith文のブロックが正しく閉じられていない
- プロシージャが正しく定義できていない
- 予約語やプロパティなどのスペルミス

②変数や関数の定義ミス

変数やプロシージャの宣言に問題がある場合に発生します。主な例は以下の通りです。

- 宣言されていない変数を使用した
- 定義した変数やプロシージャがすでに存在している
- 存在しないプロシージャを呼び出した

③型エラー

データの種類（データ型）が、目的の処理と合わない場合に発生します。主な例は以下の通りです。

- データ型のスペルが間違っている
- 定義していないユーザー定義型を使用している

実行時エラーとは

実行時エラーとは、プログラムの実行中に途中で処理できなくなった場合に発生するエラーのことです。コードの文法は正しいのでコンパイルは成功しますが、予期しない状況が発生したためにプログラムが中断されます。実行時エラーの具体例は第3章で詳しく解説します。

実行時エラーはプログラムの実行中に発生します。

■ 実行時エラーが起こる原因

実行時エラーが起こる主な原因は無数にありますが、その中でも特に発生頻度が高いものは以下の5つです。

①**変数の未定義または誤ったデータ型の誤り**

VBAで変数を適切に宣言しない、または想定外の型の値を代入した場合に発生します。主な例は以下の通りです。
- 数値型の変数に文字列を代入している
- 型を指定した配列に異なる型の値を代入している

②**配列やコレクションの範囲外アクセス**

配列やコレクションの有効な範囲外を参照した

③**オブジェクト参照エラー**

初期化されていないオブジェクトを参照しようとすると発生します。主な例は以下の通りです。
- オブジェクトが代入されていないオブジェクト変数を操作した
- 操作しようとしたオブジェクト変数がリセットされている

④ファイルやデータが存在しない

指定したファイルやシート、セルが存在しない場合にエラーが発生します。主な例は以下の通りです。

- 指定したファイルパスが間違っている
- 対象のシートやセルが見つからない

⑤ゼロ除算や計算エラー

計算時にゼロで割り算したり、不正なデータ型を扱ったりした場合に発生します。主な例は以下の通りです。

- ゼロで割り算した
- 数値型以外のデータを計算に使った

実行時エラーではエラー番号が表示される

実行時エラーが発生すると、エラー番号とエラー内容が記載されたメッセージダイアログが表示されます。エラー番号とエラー内容を参照すれば、対処方法がわかる仕組みになっています。エラーの解消方法は**28ページのステップ03**で解説します。

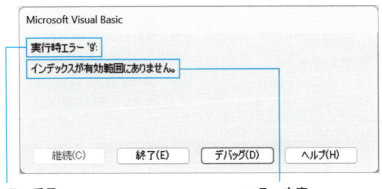

エラー番号
エラーのジャンルを識別するためのコードです。

エラー内容
エラーの原因が記載されています。

STEP 02 コンパイルエラーの解消方法を確認しよう

コードの入力中、コンパイル中のいずれかで修正できる

VBEでコードの入力中あるいはコンパイル中にエラーが起こると、下の画面のようなエラーを表すダイアログボックスが表示されます。このメッセージには、原因や修正が必要な箇所などが記載されています。内容を確認したらダイアログボックスを閉じ、コードウィンドウで該当するコードを確認しましょう。

Excel VBAには、コード入力中に構文のエラーを検出する**自動構文チェック機能**が搭載されています。構文が間違っている場合は、**赤字やハイライトで教えてくれます**。該当箇所を修正したら再度コンパイルを実行し、プログラムが正常に動作するか確認してください。

■コード入力中にエラー解消する方法

①**[OK]をクリック**

コードを入力中に間違った構文を検知すると、コンパイルエラーを知らせるダイアログボックスが表示されます。内容を確認したら、[OK]をクリックして閉じます。

②**間違ったコードを修正**

構文が間違っている箇所は、自動チェック機能によって赤字で知らせてくれます。正しいコードを入力して修正しましょう。

■ コンパイル中にエラー解消する方法

① [デバッグ] タブをクリック

② [VBAProjectのコンパイル] をクリック

コードを記載できたら、メニューバーから [デバッグ] → [VBAProjectのコンパイル] をクリックし、コンパイルを実行します。

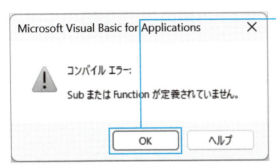

③ [OK] をクリック

構文に問題があると、コンパイルエラーを知らせるダイアログボックスが表示されます。内容を確認したら、[OK] をクリックして閉じます。

④ 間違ったコードを修正

構文が間違っている箇所は、自動チェック機能によってマーカーで知らせてくれます。正しいコードを入力して修正しましょう。

STEP 03 実行時エラーの解消方法を確認しよう

エラー番号を確認してデバッグする

プログラムの実行中にエラーが起こると、右の画面のようなエラーを表すダイアログボックスが表示されます。このメッセージには、**エラー番号**と**エラーの内容**が記載されています。内容を確認したら、[デバッグ]をクリックして中断モードを起動しましょう。

中断モードとは、プログラムの実行を強制的に停止してエラー箇所を特定するモードのことです。中断モードが起動すると、コードを編集できるようになり、間違っている箇所は矢印やマーカーなどで強調されます。該当箇所を修正したら、再度プログラムが正常に動作するか確認してください。

■ マクロを実行する

① [マクロ] をクリック

コンパイルを実行して構文に問題がないことを確認したら、[開発]タブの[マクロ]をクリックします。

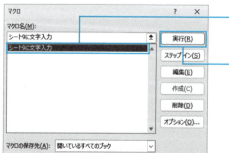

② 実行したいマクロをクリック

③ [実行] をクリック

作成したマクロを選択し、[実行]をクリックします。

■ デバッグを実行する

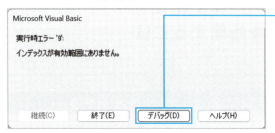

① [デバッグ] をクリック

プログラムの実行に問題があると、実行時エラーを知らせるメッセージダイアログが表示されます。内容を確認したら、[デバッグ] をクリックします。

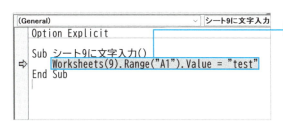

② 問題のある箇所を修正

問題のある箇所は、黄色のマーカーで知らせてくれます。正しいコードを入力して修正しましょう。

実行時エラーの解消法を調べるには

実行時エラーの解消法がわからない場合は、実行時エラーを示す画面で [ヘルプ] をクリックしましょう。Webブラウザが起動し、エラーの情報が記載されたサポートページが表示されます。

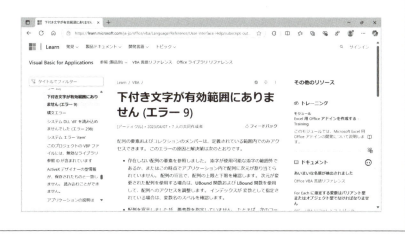

STEP 04 プログラムを中断せずにエラーを処理するには

On Error GoToステートメントを活用する

Excel VBAでは、実行時エラーが起こるとプログラムは強制的に中断され、エラーメッセージが表示されます。しかし、エラーが発生すること自体を前提として、エラー時に特別な処理を行ったり、処理を継続させたりしたい場合もあります。

実行時エラーが発生したときにプログラムを中断することなく処理を継続させるには、「**On Error GoTo ステートメント**」を活用しましょう。このステートメントを使うことで、プログラムの実行中にエラーが発生した場合に特定の処理を行うよう指示できます。Excel VBAのエラー処理には欠かせないテクニックなので、ぜひ覚えておきましょう。

■ **On Error GoToステートメントの基本構文**

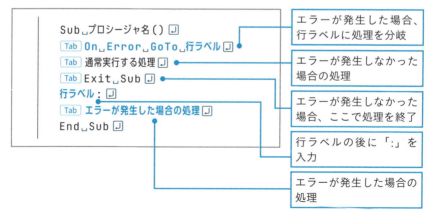

On Error GoToステートメントは、エラーが発生する可能性があるコードの前に記述し、エラーが発生した場合に、指定された行へジャンプするように指示します。このジャンプした先にエラー時に行いたい処理を記述することで、エラーの原因特定や対処が容易になります。

一方で、エラーが発生しない場合はそのまま通常の処理を正しく終了させなければなりません。「Exit Sub」はそのために使うステートメントで、エラー処理のラベルへ間違って進まないようにします。

■ エラー処理が使われていない場合

マクロ実行中にエラーが発生した場合は、エラーメッセージが表示され処理が終了する

■ エラー処理が有効な場合

マクロの実行中にエラーが発生した場合でも、指定したエラー処理を実行しつつ、処理を継続できる

STEP 05

On Error GoToの活用方法

エラー発生後もマクロを実行する

エラー処理の第一歩として、On Error GoToステートメントの具体的な記述方法を見ていきましょう。次のコードは3行目で計算を行い、4行目でその結果をVBEのイミディエイトウィンドウに出力します。ところがこのマクロを実行すると、3行目の「100 / 0」で実行時エラーが発生します。ここで処理が中断されるため、4行目の処理は実行されません。なお、本書では以下のようにVBAのコードと、その下に行ごとの解説を掲載します。エラーの原因を確認しましょう。

エラー例

```
1  Sub Sample()
2    Dim x As Integer
3    x = 100 / 0
4    Debug.Print x
5  End Sub
```

1	Subプロシージャ「Sample」を開始する
2	Integer型の変数「x」を宣言する
3	100÷0の計算結果を変数「x」に代入する。割る数が0のため、ここで実行時エラーが発生する
4	変数「x」をイミディエイトウィンドウに出力する
5	Subプロシージャ「Sample」を終了する

マクロを実行すると、実行時エラーのメッセージダイアログが表示されます。

ではこのコードを On Error GoTo ステートメントを使い、エラー処理をしてみましょう。

次のコードでは、2行目でエラー処理を開始し、エラーが発生すると7行目にジャンプするよう命令しています。8行目で処理は終了するため、5行目の処理は実行されません。また、エラー処理を行うと、実行時エラーのメッセージダイアログは表示されなくなります。

修正例①

```
1  Sub Sample1()
2      On Error GoTo エラー処理
3      Dim x As Integer
4      x = 100 / 0
5      Debug.Print x
6      Exit Sub
7  エラー処理:
8      MsgBox "エラーが発生しました。"
9  End Sub
```

1	Subプロシージャ「Sample1」を開始する
2	実行時エラーが発生すると、「エラー処理」ラベルに移動する
3	Integer型の変数「x」を宣言する
4	100÷0の計算結果を変数「x」に代入する。割る数が0のため、ここで実行時エラーが発生する
5	変数「x」をイミディエイトウィンドウに出力する
6	Subプロシージャのメインの処理を終了して、次行の以降の処理が実行されないようにする

7	「エラー処理」ラベルを開始する
8	指定の文字列をメッセージボックスに出力する
9	Subプロシージャ「Sample」を終了する

マクロを実行すると、実行時エラーのメッセージダイアログの代わりに、8行目で記述したメッセージボックスが表示されます。処理は再開されないため、イミディエイトウィンドウには何も表示されません。

エラー処理後に元のマクロを再開する

エラー処理を行ったあと、元のマクロの処理を再開したいときは、「Resume Next ステートメント」を使用します。エラー処理のラベル内にこのステートメントを記述することで、エラーが発生した次の行から処理を再開できます。

次のコードでは、9行目に「Resume Next」を追記しています。これにより、エラー処理でメッセージボックスが表示（8行目の処理）されたあと、5行目に戻り、変数「x」をイミディエイトウィンドウに出力してからマクロを終了します。

修正例②

```
1  Sub Sample2()
2  [Tab] On Error GoTo エラー処理
3  [Tab] Dim x As Integer
4  [Tab] x = 100 / 0
5  [Tab] Debug.Print x
6  [Tab] Exit Sub
7  エラー処理:
```

```
 8  [Tab] MsgBox␣"エラーが発生しました。"␣⏎
 9  [Tab] Resume␣Next ⏎
10  End␣Sub ⏎
```

1	Subプロシージャ「Sample1」を開始する
2	実行時エラーが発生すると、「エラー処理」ラベルに移動する
3	Integer型の変数「x」を宣言する
4	100÷0の計算結果を変数「x」に代入する。割る数が0のため、ここで実行時エラーが発生する
5	変数「x」をイミディエイトウィンドウに出力する
6	Subプロシージャのメインの処理を終了して、次行の以降の処理が実行されないようにする
7	「エラー処理」ラベルを開始する
8	指定の文字列をメッセージボックスに出力する
9	エラーが発生した次の行から処理を再開する。今回の場合、5行目から処理が再開される
10	Subプロシージャ「Sample」を終了する

```
イミディエイト
0
```

空の変数「x」を出力すると、イミディエイトウィンドウにエラーの原因である変数の0が表示されます。

繰り返し処理と組み合わせてマクロを継続する

Resume Nextステートメントは、繰り返し処理と組み合わせると便利です。次のコードでは、「For Nextステートメント」で0、1、2、3、4、5の6つの値を変数「i」に代入し、100/iを計算してその結果をイミディエイトウィンドウに出力しています。

このように、On Error Resume Next ステートメントを使用すると、エラーが発生した場合に、そのエラーが発生した行の処理をスキップして、次のコード行から実行を再開させることができます。

この「エラーが発生した行を無視して次に進む」という動作は、第3章で扱うエラーの一部でも利用するため、特徴を覚えておきましょう。

修正例③

1	`Sub Sample3()`
2	`[Tab] On Error GoTo エラー処理`
3	`[Tab] Dim x As Integer, i As Integer`
4	`[Tab] For i = 0 to 5`
5	`[Tab][Tab] x = 100 / i`
6	`[Tab][Tab] Debug.Print x`
7	`[Tab] Next`
8	`[Tab] Exit Sub`
9	`エラー処理:`
10	`[Tab] MsgBox "エラーが発生しました。"`
11	`[Tab] Resume Next`
12	`End Sub`

1	Subプロシージャ「Sample1」を開始する
2	実行時エラーが発生すると、9行目の「エラー処理」ラベルに移動する
3	Integer型の変数「x」と変数「i」を宣言する
4	変数「i」に0から5を代入し、以下の処理を繰り返す（For Nextステートメントの開始）
5	100÷変数「i」の結果を変数「x」に代入する。初回ループ時は変数「i」が0であり、100÷0となるため、実行時エラーが発生する
6	変数「x」をイミディエイトウィンドウに出力する
7	次のループに移行する
8	Subプロシージャのメインの処理を終了して、次行の以降の処理が実行されないようにする
9	「エラー処理」ラベルを開始する
10	指定の文字列をメッセージボックスに出力する
11	エラーが発生した次の行から処理を再開する
12	Subプロシージャ「Sample」を終了する

繰り返し処理とResume Nextステートメントを組み合わせることにより、エラー処理を行った後も残りの命令が継続して実行されます。

第 **2** 章

コンパイルエラーを解決しよう

この章では、コンパイルエラーの修正方法について解説します。コンパイルエラーのメッセージボックスではエラー番号が表示されないため、ここではよくあるエラー例をアルファベット順／五十音順で並べています。

Compile Error 001

End If に対応する If ブロックがありません。

エラーの意味

Ifブロックを正しく終了させるには、「End If」とセットで使用する必要があります。ただし、Ifの数に対して余分なEnd Ifがある場合はエラーが発生します。また、条件と処理が1行で完結するIfブロックでは、End Ifは不要です。そのため、通常のIfブロックと同じ感覚で次の行にEnd Ifを記載した場合も、エラーが発生します。

■ 考えられる原因

1. Ifに対するEnd Ifが多い
2. If文の条件と処理を1行で書いているのに、次の行にEnd Ifを記載している

End Ifに対応するIfブロックがないため、エラーが発生しています。

エラー例①

「End If」を削除し忘れた

```
1  Sub エラー例1()
2    If Range("A1").Value > 0 Then
3      MsgBox "A1は0"
4    End If
```

5	`Tab` `End⎵If` ⏎
6	`End⎵Sub` ⏎

1	Subプロシージャ「エラー例1」を開始する
2	セルA1の値が0より大きいときに以下の処理を実行する（If Thenステートメントの開始）
3	指定の文字列をメッセージボックスで表示する
4	If Thenステートメントを終了する
5	ここでは**本来不要な** End Ifステートメントが記述されており、対応するIf Thenステートメントが見つからないため、コンパイルエラーが発生する
6	Subプロシージャ「エラー例1」を終了する

修正例①

不要な End If ステートメントを削除する

1	`Sub⎵エラー例1()` ⏎
2	`Tab` `If⎵Range("A1").Value⎵>⎵0⎵Then` ⏎
3	`Tab` `Tab` `MsgBox⎵"A1は0"` ⏎
4	`Tab` `Tab` `End⎵If` ⏎
5	`Tab` `'⎵End⎵If` ⏎
6	`End⎵Sub` ⏎

修正箇所

5	**不要なEnd Ifステートメントを削除**する。これによりコンパイルエラーが解消できる。ここではコメントアウトしているが、削除しても問題ない

エラー例②

改行が入っていない

1	`Sub⎵エラー例2()` ⏎
2	`Tab` `If⎵Range("A1").Value⎵=⎵10⎵Then⎵MsgBox⎵"A1=10"` ⏎
3	`Tab` `Tab` `Range("A1")⎵=⎵15` ⏎
4	`Tab` `End⎵If` ⏎

| 5 | End␣Sub ⏎ |

1	Subプロシージャ「エラー例2」を開始する
2	セルA1の値が10より大きいときに、メッセージボックスで指定の文字列を表示する（If Thenステートメント）。Thenの後ろに命令を記述しているため、1行でIf Thenステートメントが完結している
3	セルA1に15を入力する
4	If Thenステートメントを終了する。ここでは**本来不要なEnd Ifステートメントが記述されており、対応するIf Thenステートメントが見つからないため、コンパイルエラーが発生する**
5	Subプロシージャ「エラー例2」を終了する

修正例②-a
Thenの後ろは改行する

1	Sub␣エラー例2() ⏎
2	[Tab] If␣Range("A1").Value␣=␣10␣Then ⏎
3	[Tab] [Tab] **MsgBox␣"A1=10"** ⏎
4	[Tab] [Tab] Range("A1")␣=␣15 ⏎
5	[Tab] End␣If ⏎
6	End␣Sub ⏎

修正箇所

| 3 | 「Then」の後ろに続いていた命令を改行し次の行に移動することで、If Thenステートメントが複数行で構成されると判断される。その結果、コンパイルエラーを解消できる |

修正例②-b
Thenの後ろを残す場合は「End If」を削除する

1	Sub␣エラー例2() ⏎
2	[Tab] If␣Range("A1").Value␣=␣10␣Then␣MsgBox␣"A1=10" ⏎
3	[Tab] Range("A1")␣=␣15 ⏎

```
4  [Tab] '␣End␣If ↵
5  End␣Sub ↵
```

修正箇所

4 「End If」をコメントアウトすることにより、コンパイルエラーを解消できる。この行自体を削除してもかまわない

ここがポイント

■1行で構成されるIfブロックに注意

このエラーは、If Thenステートメントを削除する際に、「End If」ステートメントを削除し忘れるという単純なミスが原因となる場合が多いです。また、If ThenステートメントはThenの後ろに命令を記述すると、1行で完結するIfブロックとなります。この場合、「End If」ステートメントは不要となり、記述している場合はコンパイルエラーの原因となります。コンパイルエラーが発生した場合、本来は複数行でIfブロックを構成したい場合はThenの後ろで改行し（修正例2-a）、1行で完結してよい場合は「End If」を削除する（修正例2-b）ことで、コンパイルエラーを解消できます。

同様のエラーは、WithステートメントやForステートメントなどで、始まりを示すステートメントを記述し忘れた場合にも発生します。エラーのメッセージは以下の表のように変化します。

ステートメント開始	ステートメント終了	ステートメント開始が抜けている場合のエラー
If ... Then	End If	End Ifに対応するIfブロックがありません。
With ...	End With	End Withに対応するWithがありません。
Select Case ...	End Select	Select Caseに対応するEnd Selectがありません。
For ...	Next カウンタ変数	Nextに対応するForがありません。
Do ...	Loop	Loopに対応するDoがありません。

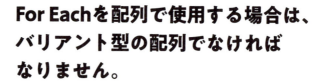

Compile Error 002

For Eachを配列で使用する場合は、バリアント型の配列でなければなりません。

エラーの意味

For Each ステートメントで使用する要素変数は、すべての型を格納できる Variant 型、またはコレクション内の要素と同じオブジェクト型でなければなりません。その他のデータ型の変数を For Each ステートメントの要素変数として使用した場合にコンパイルエラーが発生します（オブジェクト、コレクション…314ページ、データ型…324ページ、配列…327ページ）。

■ 考えられる原因

1. For Eachステートメントでコレクションや配列の要素を代入する変数が、不適切なデータ型で宣言されている

For Eachステートメントで配列を処理する際、要素を受け取る変数が不適切なデータ型で宣言されているため、エラーが発生しています。

エラー例①

要素を代入する変数のデータ型が不適切

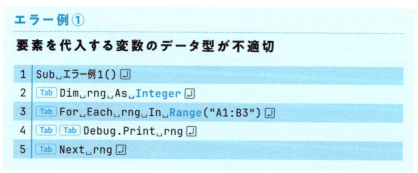

| 6 | End␣Sub ⏎ |

1	Subプロシージャ「エラー例1」を開始する
2	**Integer型の変数「rng」を宣言する**
3	セル範囲A1:B3からセルを1つずつ取り出し、以下の処理を実行する（For Eachステートメントの開始）。このとき、**変数「rng」に代入される要素がRangeオブジェクトにもかかわらず、2行目でInteger型として宣言しているため、データ型の不整合**が起こり、コンパイルエラーが発生する
4	変数「rng」に入力されている値をイミディエイトウィンドウに出力する
5	次のループに移行する
6	Subプロシージャ「エラー例1」を終了する

修正例①

変数のデータ型を修正する

1	Sub␣修正例1() ⏎
2	[Tab] Dim␣rng␣As␣**Range** ⏎
3	[Tab] For␣Each␣rng␣In␣Range("A1:B3") ⏎
4	[Tab] [Tab] Debug.Print␣rng ⏎
5	[Tab] Next␣rng ⏎
6	End␣Sub ⏎

修正箇所

| 2 | 変数「rng」のデータ型をRange型として宣言する。Rangeプロパティで取得できるコレクションの要素はRange型のため、これでコンパイルエラーが解消できる |

エラー例②
Variant以外のデータ型で変数が宣言されている

```
1  Sub エラー例2()
2    Dim val As Integer
3    Dim arr() As Variant
4    arr = Array(100, 200, 300)
5    For Each val In arr
6      Debug.Print val
7    Next val
8  End Sub
```

1	Subプロシージャ「エラー例2」を開始する
2	Integer型の変数「val」を宣言する
3	Variant型の動的配列変数「arr」を宣言する
4	Array関数で3つの数値を含む配列を作成し、配列変数「arr」に代入する
5	配列変数「arr」から要素を1つずつ取り出し、以下の処理を実行する（For Eachステートメントの開始）。このとき、変数「val」がInteger型として宣言されており、VariantもしくはObject以外のデータ型のため、コンパイルエラーが発生する
6	変数「val」に入力されている値をイミディエイトウィンドウに出力する
7	次のループに移行する
8	Subプロシージャ「エラー例2」を終了する

修正例②
変数のデータ型をVariant型にする

```
1  Sub 修正例2()
2    Dim val As Variant
3    Dim arr() As Variant
4    arr = Array(100, 200, 300)
5    For Each val In arr
6      Debug.Print val
7    Next val
8  End Sub
```

修正箇所

2　変数「val」をVariant型として宣言する。これでコンパイルエラーが解消できる

ここがポイント

■ 要素を代入する変数のデータ型に注意

For Eachステートメントでは、コレクションや配列から取り出した要素を代入する変数のデータ型は、Variant型、Object型、あるいは要素と同じデータ型のいずれかでなければいけません。この制約に反するとコンパイルエラーが発生します。

配列を対象に繰り返し処理を行う場合は、「要素と同じデータ型」もエラーの原因となります（繰り返し処理…343ページ）。

Compile Error 003

Ifブロックに対応する End If がありません。

エラーの意味

Ifブロックとは、指定した条件に合う場合だけ処理を実行する構文です。Ifブロックを正しく終了させるには、「End If」とセットで使用する必要があります。「End If」が記載されていない場合は、コンパイルエラーが発生します。

■ 考えられる原因

1 Ifブロックに対応するEnd Ifが記載されていない

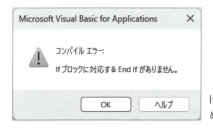

Ifに対応するEnd Ifが記載されていないため、エラーが発生します。

エラー例①
「End If」が記述されていない

1	Sub␣エラー例1() ⏎
2	[Tab] If␣Range("A1").Value␣>␣0␣Then ⏎
3	[Tab] [Tab] MsgBox␣"A1は正の値です" ⏎
4	End␣Sub ⏎

1	Subプロシージャ「エラー例1」を開始する
2	セルA1の値が0より大きいときに以下の処理を実行する（If Thenステートメントの開始）

3	指定の文字列をメッセージボックスで表示する
4	Subプロシージャ「エラー例1」を終了する。ここで、**If Thenステートメントを終了する「End If」**が記述されていないため、コンパイルエラーが発生する

修正例①

End Ifを追記する

1	Sub␣修正例1()␣⏎
2	[Tab] If␣Range("A1").Value␣>␣0␣Then␣⏎
3	[Tab][Tab] MsgBox␣"A1は正の値です"␣⏎
4	[Tab] End␣If␣⏎
5	End␣Sub␣⏎

修正箇所

4	条件分析の処理が終わったところで、**End Ifを追記**する

エラー例②

「End If」が不足している

1	Sub␣エラー例2()␣⏎
2	[Tab] If␣Range("A1").Value␣>=␣0␣Then␣⏎
3	[Tab][Tab] If␣Range("A2").Value␣>=␣0␣Then␣⏎
4	[Tab][Tab][Tab] MsgBox␣"両方とも0以上"␣⏎
5	[Tab][Tab] Else␣⏎
6	[Tab][Tab][Tab] MsgBox␣"A1は0以上、A2は負の値"␣⏎
7	[Tab] Else␣⏎
8	[Tab][Tab] MsgBox␣"A1は負の値"␣⏎
9	[Tab] End␣If␣⏎
10	End␣Sub␣⏎

1	Subプロシージャ「エラー例2」を開始する

2	セルA1の値が0より大きいときに以下の処理を実行する（If Thenステートメント1の開始）
3	セルA2の値が0より大きいときに以下の処理を実行する（If Thenステートメント2の開始）
4	指定の文字列をメッセージボックスで表示する
5	3行目の条件が満たされないときに、以下の処理を実行する（If Thenステートメント2のElse句）
6	指定の文字列をメッセージボックスで表示する
7	2行目の条件が満たされないときに、以下の処理を実行する（If Thenステートメント1のElse句）。ここで、**If Thenステートメント2を終了する「End If」が記述されていない**ため、コンパイルエラーが発生する
8	指定の文字列をメッセージボックスで表示する
9	If Thenステートメント1を終了する
10	Subプロシージャ「エラー例2」を終了する

修正例②

End Ifを追記する

1	`Sub␣修正例2()` ⏎
2	[Tab] `If␣Range("A1").Value␣>=␣0␣Then` ⏎
3	[Tab][Tab] `If␣Range("A2").Value␣>=␣0␣Then` ⏎
4	[Tab][Tab][Tab] `MsgBox␣"両方とも0以上"` ⏎
5	[Tab][Tab] `Else` ⏎
6	[Tab][Tab][Tab] `MsgBox␣"A1は0以上、A2は負の値"` ⏎
7	[Tab][Tab] **`End␣If`** ⏎
8	[Tab] `Else` ⏎
9	[Tab][Tab] `MsgBox␣"A1は負の値"` ⏎
10	[Tab] `End␣If` ⏎
11	`End␣Sub` ⏎

修正箇所

7	内側の条件分岐の処理が終わった次の行で**End If**を追記する

ここがポイント

■ 複数のIfブロックを組み合わせる場合に注意

このエラーは、If Thenステートメントを使用した際に、「End If」の入力が漏れている場合に発生します。If Thenステートメントが1つだけの場合はエラー箇所が簡単に推測できますが、エラー例2のように複数のIf Thenステートメントを組み合わせる場合は、どこで入力が漏れているのか分かりづらいので注意しましょう。

また、このエラーは、WithステートメントやFor Nextステートメントなどで、終わりを示すステートメントを記述し忘れた場合にも発生します。終了のステートメントを記入し忘れていたときに発生するエラーのメッセージは、以下の表のように変化します。

ステートメント開始	ステートメント終了	主なエラー例
If ... Then	End If	Ifブロックに対応するEnd Ifがありません。
With ...	End With	End Withが必要です。
Select Case ...	End Select	Select Caseに対応するEnd Selectがありません。
For ...	Next カウンタ変数	Forに対応するNextがありません。
Do ...	Loop	Doに対応するLoopがありません。

Compile Error 004

Sub または Function が定義されていません。

エラーの意味

Excel VBA では、「Sub」または「Function」といったプロシージャを宣言し、その中に処理内容を書くことで特定の動作を実行できます。これらを呼び出すときに名前や使い方を間違えるとコンパイルエラーが発生します（プロシージャ…310ページ）。

■ 考えられる原因

1. プロシージャ名のスペルが間違っている
2. プロパティのスペルが間違っている
3. 呼び出し元のプロシージャが、参照できないプロシージャを指定している

存在しないプロシージャを呼び出そうとしたため、エラーが発生しました。

エラー例①

呼び出すプロシージャのスペルを誤った

```
1  Private Sub TestMacro(price, qty)
2  [Tab] Dim total As Long
3  [Tab] total = price * qty
4  [Tab] MsgBox "合計金額は " & total
```

5	End␣Sub ↵
6	Sub␣エラー例1() ↵
7	[Tab] Call␣TestMaclo(2560,␣13) ↵
8	End␣Sub ↵

1	同じモジュール内からのみ呼び出せるプライベートなSubプロシージャ「TestMacro」を開始する
2	Long型の変数「total」を宣言する
3	変数「price」と「qty」を掛け算し、変数「total」に代入する
4	文字列と変数「total」を結合し、メッセージボックスで表示する
5	Subプロシージャ「TestMacro」を終了する
6	Subプロシージャ「エラー例1」を開始する
7	TestMacroを呼び出す。引数は2560と13とする。このとき、**Subプロシージャの名前を誤って「TestMaclo」と記述したため、定義していないプロシージャを実行した**とみなされ、コンパイルエラーが発生する
8	Subプロシージャ「エラー例1」を終了する

修正例①

プロシージャのスペルを修正する

6	Sub␣修正例1() ↵
7	[Tab] Call␣TestMacro(2560,␣13) ↵
8	End␣Sub ↵

修正箇所

7	呼び出すプロシージャの名前を正しいスペルである「TestMacro」に修正する。これによりコンパイルエラーが解消できる

エラー例②

プロパティのスペルを誤った

1	Sub␣エラー例2() ↵
2	[Tab] Cellss(1,␣1)␣=␣100 ↵

3	End␣Sub ⏎
1	Subプロシージャ「エラー例2」を開始する
2	CellsプロパティでセルA1を取り出し、100を入力する。このとき、**プロパティのスペルを誤って「Cellss」と記述したため、定義していないプロシージャを実行した**とみなされ、コンパイルエラーが発生する
3	Subプロシージャ「エラー例2」を終了する

修正例②

プロパティのスペルを修正する

1	Sub␣修正例2() ⏎
2	[Tab] Cells(1,␣1)␣=␣100 ⏎
3	End␣Sub ⏎

修正箇所

2	プロパティの名前を正しいスペルである「Cells」に修正する。これによりコンパイルエラーを解消できる

ここがポイント

■ プロシージャやプロパティのスペルミスが原因

このコンパイルエラーは、多くの場合、プロシージャやプロパティのスペルミスが原因で発生しています。まずはスペルが正しいか見直してみましょう。

スペルミスをしていない場合は、プライベートなプロシージャを別のモジュールから実行している可能性も考えられます。同じモジュール内から実行するか、対象のプロシージャの「Private」を外すなどして対応しましょう。

Compile Error 005

値の取得のみ可能なプロパティに値を設定することはできません。

エラーの意味

Excel VBAでは、一部のプロパティが後から編集できないよう読み取り専用として設定されています。これらのプロパティに対して値を設定するなど、何らかの変更を加えようとすると、エラーが発生します。

■ 考えられる原因

1 読み取り専用のプロパティに値を設定しようとした

読み取り専用のActiveWorkbook.Nameプロパティに値を代入しようとしたため、エラーが発生しました。

エラー例

Nameプロパティに値を代入した

```
1  Sub エラー例1()
2    Dim newName As String
3    newName = InputBox("新しいファイル名：")
4    ActiveWorkbook.Name = newName
5  End Sub
```

1	Subプロシージャ「エラー例1」を開始する
2	String型の変数「newName」を宣言する
3	入力ボックスを表示し、新しいファイル名を入力する。入力した文字列は、変数「newName」に代入する

| 4 | ファイル名の変更を意図して、現在操作中のWorkbookオブジェクトのNameプロパティに、変数「newName」を代入する。ところが、**Nameプロパティは読み取り専用で値を入力できないため、コンパイルエラーが発生する** |
| 5 | Subプロシージャ「エラー例1」を終了する |

修正例
目的に適したプロパティやメソッドに変更する

1	`Sub␣修正例1()⏎`
2	`[Tab]Dim␣newName␣As␣String⏎`
3	`[Tab]newName␣=␣InputBox("新しいファイル名：")⏎`
4	`[Tab]ActiveWorkbook.SaveAs␣Filename:=newName⏎`
5	`End␣Sub⏎`

修正箇所

| 4 | ファイル名を変更するには、SaveAsメソッドを使用し、別名のファイルとして保存する |

ここがポイント

■ **正しいプロパティやメソッドに書き換える**

このコンパイルエラーは、読み取り専用のプロパティに値の代入を試みた際に発生します。修正例で紹介したように、別のメソッドやプロパティに変更して対処しましょう。

Compile Error 006

同じ適用範囲内で宣言が重複しています。

エラーの意味

プロシージャ内で、同じ名前の変数・定数・引数が重複して宣言されている場合に発生するコンパイルエラーです（プロシージャ…310ページ、変数、定数…319ページ）。

■ 考えられる原因

1 プロシージャ内で変数名が重複している
2 プロシージャ内で定数名が重複している
3 プロシージャ内で引数名が重複している

同じプロシージャ内で変数が重複しているため、コンパイルエラーが発生します。

エラー例①

プロシージャ内で同じ名前の変数を宣言している

```
1  Sub エラー例1()
2      Dim i As Long, total As Long
3      For i = 1 To 10
4          total = total + Cells(i, 1)
5      Next
6      Dim i As Long
7      For i = 1 To 10
```

8	`[Tab][Tab]total␣=␣total␣+␣Cells(i,␣2) ⏎`
9	`[Tab]Next ⏎`
10	`[Tab]MsgBox␣total ⏎`
11	`End␣Sub ⏎`

1	Subプロシージャ「エラー例1」を開始する
2	Long型の変数「i」と「total」を宣言する
3	変数「i」が1から10になるまで以下の処理を繰り返す（For Nextステートメントの開始）
4	変数「total」とA列「i」行目のセルの値を合計し、変数「total」に代入する
5	次のループに移行する
6	**Long型の変数「i」を宣言する。変数「i」は2行目ですでに宣言している**ため、コンパイルエラーが発生する
7	変数「i」が1から10になるまで以下の処理を繰り返す（For Nextステートメントの開始）
8	変数「total」とB列「i」行目のセルの値を合計し、変数「total」に代入する
9	次のループに移行する
10	変数「total」の値をメッセージボックスで表示する
11	Subプロシージャ「エラー例2」を終了する

修正例①

変数名が重複しないよう名前を変更する

1	`Sub␣修正例1() ⏎`
2	`[Tab]Dim␣i␣As␣Long,␣total␣As␣Long ⏎`
3	`[Tab]For␣i␣=␣1␣To␣10 ⏎`
4	`[Tab][Tab]total␣=␣total␣+␣Cells(i,␣1) ⏎`
5	`[Tab]Next ⏎`
6	`[Tab]'␣Dim␣i␣As␣Long ⏎`
7	`[Tab]For␣i␣=␣1␣To␣10 ⏎`
8	`[Tab][Tab]total␣=␣total␣+␣Cells(i,␣2) ⏎`
9	`[Tab]Next ⏎`
10	`[Tab]MsgBox␣total ⏎`
11	`End␣Sub ⏎`

修正箇所

6	変数「i」の宣言をコメントアウトする。変数は、別の場所で再利用する場合も、同じプロシージャ内であれば宣言する必要はない

エラー例②

プロシージャ内で同じ名前の定数を宣言している

```
1  Sub エラー例2()
2    Const rng = "A2:A10"
3    MsgBox "売上の合計は " & Total(Range(rng))
4    Const rng = "B2:B10"
5    MsgBox "売上の合計は " & Total(Range(rng))
6  End Sub
```

1	Subプロシージャ「エラー例2」を開始する
2	定数「rng」を宣言し、文字列を代入する。データ型を指定していないため、自動的にVariant型が設定される
3	関数プロシージャ「Total」の戻り値と文字列を結合し、メッセージボックスで表示する。関数プロシージャの引数は、定数「rng」で指定したセル範囲のオブジェクトとする
4	定数「rng」を宣言し、文字列を代入する。2行目で宣言した定数と名前が重複するため、コンパイルエラーが発生する
5	関数プロシージャ「Total」の戻り値と文字列を結合し、メッセージボックスで表示する。関数プロシージャの引数は、定数「rng」で指定したセル範囲のオブジェクトとする
6	Subプロシージャ「エラー例2」を終了する

修正例②

定数名が重複しないよう名前を変更する

```
1  Sub 修正例2()
2    Const rng1 = "A2:A10"
3    MsgBox "売上の合計は " & Total(Range(rng1))
```

4	`Tab Const␣rng2␣=␣"B2:B10" ⏎`
5	`Tab MsgBox␣"売上の合計は␣"␣&␣Total(Range(rng2)) ⏎`
6	`End␣Sub ⏎`

修正箇所

2	定数の名前を「rng1」に変更する
3	プロパティの引数の定数名も「rng1」に変更する
4	定数の名前を「rng2」に変更する。これにより重複する名前がなくなるため、コンパイルエラーを解消できる
5	プロパティの引数の定数名も「rng2」に変更する

エラー例③

プロシージャ内で同じ名前の引数を宣言している

1	`Sub␣エラー例3() ⏎`
2	`Tab Dim␣total_num␣As␣Long ⏎`
3	`Tab total_num␣=␣乗算_エラー(2,␣3) ⏎`
4	`Tab MsgBox␣total_num ⏎`
5	`End␣Sub ⏎`
6	`Function␣乗算_エラー(a␣As␣Long,␣a␣As␣Long)␣As␣Long ⏎`
7	`Tab 乗算_エラー␣=␣a␣*␣a ⏎`
8	`End␣Function ⏎`

1	Subプロシージャ「エラー例3」を開始する
2	Long型の変数「total_num」を宣言する
3	Functionプロシージャ「乗算_エラー」を呼び出し、その戻り値を変数「total_num」に代入する。引数は2と3とする
4	変数「total_num」の値をメッセージボックスで表示する
5	Subプロシージャ「エラー例3」を終了する
6	Functionプロシージャ「乗算_エラー」を開始する。引数はLong型の「a」、戻り値はLong型とする。ここで同じ名前で引数を2つ記述しているため、コンパイルエラーが発生する
7	2つの引数を掛け算し、「乗算_エラー」に代入する
8	Functionプロシージャ「乗算_エラー」を終了する

修正例③
引数の名前を変更する

1	`Sub 修正例3()`
2	`[Tab] Dim total_num As Long`
3	`[Tab] total_num = 乗算_修正(2, 3)`
4	`[Tab] MsgBox total_num`
5	`End Sub`
6	`Function 乗算_修正(a As Long, b As Long) As Long`
7	`[Tab] 乗算_修正 = a * b`
8	`End Function`

修正箇所

6	関数プロシージャ「乗算_エラー」を開始する。引数はLong型の「a」と「b」とし、名前が重複しないようにすることで、エラーが発生することなく処理が実行される
7	乗算に使う引数も片方を「b」に変更する

ここがポイント

■ 変数・定数・引数の名前が重複しないようにする

このエラーを防ぐには、1つのプロシージャ内で、同じ名前の変数や定数、引数を定義しないことです。エラー例1のFor Nextステートメントを複数箇所に記述する場合でも、カウント変数は一度だけ宣言すればかまいません。あるいは1つ目の繰り返し処理では変数「i」、2つ目の繰り返しでは変数「j」といったように、繰り返し処理が登場するごとに別の変数を使うのもよいでしょう（繰り返し処理…343ページ）。

構文エラー

Compile Error 007

エラーの意味

構文が間違っている場合に発生するエラーです。ステートメントや引数が正しく記述されていないなど、様々な原因が考えられます。

■ 考えられる原因

1. ステートメントの記述方法が間違っている
2. 引数の記述方法が間違っている

「構文エラー」は、必須のキーワードやカンマが記述漏れしている場合によく発生するコンパイルエラーです。

エラー例①

IfステートメントでThenが抜けている

```
1  Sub エラー例1()
2    If Range("A1").Value = 10
3      MsgBox "A1は10です"
4    End If
5  End Sub
```

1. Subプロシージャ「エラー例1」を開始する
2. A1セルが10と等しいときに以下の処理を実行する（If Thenステートメントの開始）。ここで「Then」が記述されていないためコンパイルエラーが発生する

3	メッセージボックスで指定の文字列を出力する
4	If Thenステートメントを終了する
5	Subプロシージャ「エラー例1」を終了する

修正例①

Thenを追記する

1	Sub 修正例1()
2	[Tab] If Range("A1").Value = 10 Then
3	[Tab] [Tab] MsgBox "A1は10です"
4	[Tab] End If
5	End Sub

修正箇所

2	If Thenステートメントの末尾に「Then」を追記することにより、コンパイルエラーを解消できる

エラー例②

引数のカンマの記述が漏れている

1	Sub エラー例2()
2	[Tab] Dim result As String
3	[Tab] result = Left("Hello World" 5)
4	[Tab] MsgBox result
5	End Sub

1	Subプロシージャ「エラー例2」を開始する
2	String型の変数「result」を宣言する
3	Left関数で文字列「Hello World」から5文字分抽出し、変数「result」に代入する。このとき、引数を区切るカンマの記述が漏れているため、コンパイルエラーが発生する
4	変数「result」をメッセージボックスで表示する

5	Subプロシージャ「エラー例2」を終了する

修正例②

カンマを追記する

1	`Sub␣修正例2()` ↵
2	`[Tab] Dim␣result␣As␣String` ↵
3	`[Tab] result␣=␣Left("Hello␣World",␣5)` ↵
4	`[Tab] MsgBox␣result` ↵
5	`End␣Sub` ↵

修正箇所

3	引数を区切るカンマを追記した

エラー例③

引数にParamArrayとOptionalを併記した

1	`Sub␣エラー例3(Optional␣ParamArray␣numbers()␣As␣Variant)` ↵
2	`[Tab] Dim␣total,␣num` ↵
3	`[Tab] For␣Each␣num␣In␣numbers` ↵
4	`[Tab] [Tab] total␣=␣total␣+␣num` ↵
5	`[Tab] Next␣num` ↵
6	`[Tab] MsgBox␣"合計は␣"␣&␣total␣&␣"␣です."` ↵
7	`End␣Sub` ↵

1	Subプロシージャ「エラー例3」を開始する。引数は Variant 型で可変長の「numbers」とする。このとき、**同じ引数に対し可変長引数を表すParamArrayと、引数の指定を任意にするOptionalを記述しているため**、コンパイルエラーが発生する
2	変数「total」と「num」を宣言する。データ型は指定していないため、自動的に Variant 型に設定される

3	引数の配列「numbers」から値を1つずつ取り出し、変数「num」に代入して以下の処理を実行する（For Eachステートメントの開始）
4	変数「total」と変数「num」を合計し、変数「total」に代入する
5	次のループに移行する
6	文字列と変数「total」を結合し、メッセージボックスで表示する
7	Subプロシージャ「エラー例3」を終了する

修正例③

ParamArrayとOptionalはどちらかだけにする

```
1  Sub 修正例3(ParamArray numbers() As Variant)
2    Dim total, num
3    For Each num In numbers
4      total = total + num
5    Next num
6    MsgBox "合計は " & total & " です。"
7  End Sub
```

修正箇所

1	ParamArrayとOptionalは同時に指定できないため、どちらかを削除する。ここでは可変長引数としたいため、**Optional**を削除した

エラー例④

Functionプロシージャの呼び出しにCallを使用した

```
1  Function 数値を合計(a, b) As Integer
2    数値を合計 = a + b
3  End Function
4  Sub エラー例4()
5    Dim result As Integer
6    result = Call 数値を合計(10, 5)
7    MsgBox result
```

8	End␣Sub
1	Functionステートメント「数値を合計」を開始する。引数は、Variant型の「a」、「b」とし、戻り値はInteger型とする
2	引数の「a」、「b」を合計し、「数値を合計」に代入する。これが戻り値となる
3	Functionステートメント「数値を合計」を終了する
4	Subプロシージャ「エラー例4」を開始する
5	Integer型の変数「result」を宣言する
6	「10」と「5」を引数として、Functionステートメント「数値を合計」を呼び出し、その戻り値を変数「result」に代入する。このとき、**Functionステートメントの呼び出しに「Call」キーワードを使用**したため、コンパイルエラーが発生する
7	変数「result」の値をメッセージボックスで表示する
8	Subステートメント「エラー例4」を終了する

修正例④
「Call」を削除する

1	Sub␣修正例4() ↵
2	[Tab] Dim␣result␣As␣Integer ↵
3	[Tab] result␣=␣数値を合計(10,␣5) ↵
4	[Tab] MsgBox␣result ↵
5	End␣Sub ↵

修正箇所

3	Functionステートメントの呼び出しに使用していた**「Call」キーワードを削除する**。これでコンパイルエラーを解消できる

ここがポイント

■ **構文が正しく記述できているか見直そう**

このコンパイルエラーは、構文（ステートメント）の基本的な記述ルールが守られていないときに発生します。For Nextステートメントで「To」が抜けている、If Thenステートメントで「Then」が抜けている、複数の引数を指定する際にカンマ（,）が抜けているといったことが、よくあるエラー例として考えられます。指摘された行で必要なキーワードや記号が抜けていないか見直してみましょう。

エラー例3のように、プロシージャの引数にOptionalとParamArrayが同時に指定されている場合も構文エラーが発生します。使う機会は少ないですが、気付きにくいパターンなので覚えておきましょう（プロシージャ…310ページ）。

「Optional」と「ParamArray」の効果

Optionalは、引数を省略可能にするためのキーワードです。通常、プロシージャを呼び出す際はすべての必要な引数を指定する必要がありますが、Optionalを付けることで引数を省略してもエラーになりません。

ParamArrayは、個数が変わる引数を配列として受け取るためのキーワードです。これにより、必要な数だけ引数を渡すことができます。

これらを上手く活用することで、より柔軟に引数を受け取るプロシージャを作成できます。

参照が不正または不完全です。

エラーの意味

オブジェクトやライブラリへの参照が正しく設定されていない、または不完全なために発生するコンパイルエラーです（オブジェクト...314ページ）。

■ 考えられる原因

1 不要なピリオドが識別子の先頭にある

コンパイルまたはプログラムを実行すると、エラーが発生します。

エラー例

「.」から始まる命令の記述場所を間違っている

```
1  Sub エラー例1()
2  [Tab] With Worksheets("Sheet1")
3  [Tab][Tab] .Range("A1").Value = 100
4  [Tab] End With
5  [Tab][Tab] .Range("A2").Value = 200
6  End Sub
```

1	Subプロシージャ「エラー例1」を開始する
2	Sheet1のWorksheetオブジェクトに対し、以下の処理を実行する（Withステートメントの開始）

3	Sheet1のセルA1に100を入力する
4	Withステートメントを終了する
5	Sheet1のセルA2に200を入力する。ところが、**Withステートメントの外側に「.」から始まる命令を記述**したため、コンパイルエラーが発生する
6	Subプロシージャ「エラー例1」を終了する

修正例

「.」から始まる命令文の記述場所を変更する

```
1  Sub 修正例1()
2      With Worksheets("Sheet1")
3          .Range("A1").Value = 100
4          .Range("A2").Value = 200
5      End With
6  End Sub
```

修正箇所

4	5行目の「.Range」のステートメントをEnd Withの上の行に移動する。これによりコンパイルエラーを解消できる

ここがポイント

■「.」から始まる命令の記述位置に注意

このコンパイルエラーは、オブジェクトを指定せず、ピリオド（.）からメソッドやプロパティを記述した際に表示されます。特にWithステートメントの組み合わせで発生しやすいエラーなので、記述位置が誤っていないか確認しましょう。

Compile Error 009

修正候補：区切り記号 または)

エラーの意味

VBAの文法で、区切り記号または「)」（括弧）が正しい位置に記載されていないときに発生するコンパイルエラーです。

■ 考えられる原因

1. 「,」（カンマ）、「:」（コロン）、「;」（セミコロン）などの区切り記号が記載されていない。あるいは余分に記述されている
2. 「)」（括弧）が記載されていない

コードの入力中に発生する
コンパイルエラーです。

エラー例①

括弧が閉じられていない

```
1  Sub エラー例1()
2      If Range("A1".Value > 10 Then
3          MsgBox "A1セルの値は10より大きいです。"
4      End If
5  End Sub
```

1　Subプロシージャ「エラー例1」を開始する

2	セルA1に入力されている値が10より大きい場合は、以下の処理を実行する（If Thenステートメントの開始）。ここで、**Rangeオブジェクトの閉じ括弧が不足している**ため、コンパイルエラーが発生する
3	メッセージボックスで指定の値を表示する
4	If Thenステートメントを終了する
5	Subプロシージャ「エラー例1」を終了する

修正例①

括弧を閉じる

1	`Sub 修正例1()`
2	`Tab If Range("A1").Value > 10 Then`
3	`Tab Tab MsgBox "A1セルの値は10より大きいです。"`
4	`Tab End If`
5	`End Sub`

修正箇所

2	**Rangeプロパティの閉じカッコを記述**したため、コンパイルエラーが解消される

エラー例②

引数の区切りにカンマがない

1	`Sub エラー例2()`
2	`Tab Range("A1").Resize(2 3).Value = 10`
3	`End Sub`

1	Subプロシージャ「エラー例3」を開始する
2	セルA1のRangeオブジェクトに対し、Resizeプロパティでサイズを変更する。このとき、**引数の区切りに必要な「,」が漏れていた**ため、コンパイルエラーが発生する
3	Subプロシージャ「エラー例3」を終了する

修正例②
カンマで引数を区切る

```
1  Sub 修正例2()
2    Tab Range("A1").Resize(2, 3).Value = 10
3  End Sub
```

修正箇所

2 | Resizeプロパティにカンマを追記することにより、コンパイルエラーが解消される

ここがポイント

■ 区切り記号または括弧を入力する

コードの入力中に、区切り記号や括弧が適切に記載されていない場合に、「コンパイルエラー:修正候補: 区切り記号 または)」が発生します。区切り記号には、「,」（カンマ）、「:」（コロン）、「;」（セミコロン）などがあります。該当箇所は赤文字になるので、入力ミスがないか確認しましょう。不足している記号を追記するとエラーが解消され、続きの条件を満たさない場合の処理とループ処理が行われます。

区切り記号の正しい使い方

> VBAで使用する主な区切り記号はカンマ、コロン、セミコロンの3つで、それぞれ役割が異なります。
> 目にする機会が多いカンマ (,) は、引数の区切りや、配列の要素の区切りに使います。
> コロン (:) は、1つの行に複数の命令を記述する際の区切りです。
> セミコロン (;) は、Debug.PrintやPrintステートメントで複数の値を連続表示する場合に使用します。

Compile Error 010

修正候補：識別子

エラーの意味

VBAの文法で、識別子（変数やプロシージャなどの名前）が正しく記載されていないときに発生するコンパイルエラーです（プロシージャ…310ページ、変数…319ページ）。

■ 考えられる原因

1. 変数の名前を数字や記号から始めようとした
2. 予約語を変数名に使おうとした
3. プロシージャの名前に記号・スペースを含めようとした

コンパイルまたはプログラムを実行すると、エラーが発生します。

エラー例①

名前の先頭に数字を使用した

```
1  Sub エラー例1()
2      Dim 1to10 As Integer
3      1to10 = 10
4      MsgBox 1to10
5  End Sub
```

1	Subプロシージャ「エラー例1」を開始する
2	数値型の変数「1to10」を宣言する。**変数の名前が数字から始まっている**ため、コンパイルエラーが発生する
3	変数「1to10」に10を代入する
4	メッセージボックスで変数「1to10」を出力する
5	Subプロシージャ「エラー例1」を終了する

修正例①

アルファベットから変数名を始める

1	Sub␣修正例1()␣⏎
2	[Tab] Dim␣to10␣As␣Integer␣⏎
3	[Tab] to10␣=␣10␣⏎
4	[Tab] MsgBox␣to10␣⏎
5	End␣Sub␣⏎

修正箇所

2	変数名を「to10」に変更し、**数字から始まらないようにする**とコンパイルエラーを解消できる
3	2行目に合わせて**変数名を変更**する
4	2行目に合わせて**変数名を変更**する

エラー例②

予約語を識別子に使用した

1	Sub␣エラー例2()␣⏎
2	[Tab] Dim␣Next␣As␣Integer␣⏎
3	[Tab] Next␣=␣10␣⏎
4	[Tab] MsgBox␣Next␣⏎
5	End␣Sub␣⏎

1	Subプロシージャ「エラー例2」を開始する

2	数値型の変数「Next」を宣言する。**Nextは予約語のため、変数名として使用する**とコンパイルエラーが発生する
3	変数「Next」に10を代入する
4	メッセージボックスで変数「Next」を出力する
5	Subプロシージャ「エラー例2」を終了する

修正例②
予約語と異なる変数名にする

1	`Sub 修正例2()` ↵
2	`Tab Dim next_i As Integer` ↵
3	`Tab next_i = 10` ↵
4	`Tab MsgBox next_i` ↵
5	`End Sub` ↵

修正箇所

2	変数名の末尾に「_i」を追記する。これで変数名が予約語と重複しなくなるため、コンパイルエラーを解消できる
3	2行目に合わせて変数名を変更する
4	2行目に合わせて変数名を変更する

ここがポイント

■ 名前のルールを確認しよう

VBAでは、変数やプロシージャ、モジュールなどの名前のことを「識別子」といいます。基本的に自由な名前をつけられますが、名前の先頭に数字や記号を使用できない、アンダーバー(_)以外の記号を使用できない、VBAに最初から組み込まれている予約語は使用できないなどの制約があり、これに違反するとコンパイルエラーが発生します。

Compile Error 011

修正候補: ステートメントの最後

エラーの意味

ステートメントの行末に不要な文字や記号が入力されていたり、引数の指定に必要な()が不足していたりする場合に表示されるコンパイルエラーです(変数…319ページ)。

■ 考えられる原因

1. 命令文の末尾に不要な記号や文字を入力した
2. 変数の宣言時に値を代入しようとした
3. 引数の指定に必要な()が入力されていなかった

コンパイルまたはプログラムを実行すると、エラーが発生します。

エラー例①
不要なセミコロンが入力されている

```
1  Sub エラー例1()
2  [Tab] Range("A1") = 100;
3  End Sub
```

1 Subプロシージャ「エラー例1」を開始する

2	セル A1 の Range オブジェクトに 100 を入力する。このとき、**命令文（ステートメント）の末尾に不要な「;」が入力されている**ため、コンパイルエラーが発生する
3	Sub プロシージャ「エラー例1」を終了する

修正例①
セミコロンを削除する

1	`Sub␣修正例1()` ⏎
2	`Tab` `Range("A1")␣=␣100` ⏎
3	`End␣Sub` ⏎

修正箇所

2	命令文（ステートメント）の末尾にある**不要な「;」を削除**すると、コンパイルエラーが解消される

エラー例②
引数を囲む括弧がない

1	`Sub␣エラー例2()` ⏎
2	`Tab` `Dim␣wb␣As␣Workbook` ⏎
3	`Tab` `Set␣wb␣=␣Workbooks.Open␣"sample.xlsx"` ⏎
4	`End␣Sub` ⏎

1	Sub プロシージャ「エラー例2」を開始する
2	Workbook 型のオブジェクト変数「wb」を宣言する
3	指定の Excel ファイルを開き、その Workbook オブジェクトをオブジェクト変数「wb」に代入する。このとき、**引数を囲むべき ( ) が入力されていない**ため、コンパイルエラーが発生する。
4	Sub プロシージャ「エラー例2」を終了する

修正例②
括弧で引数を囲む

1	Sub␣修正例2()␣↵
2	[Tab] Dim␣wb␣As␣Workbook ↵
3	[Tab] Set␣wb␣=␣Workbooks.Open("sample.xlsx") ↵
4	End␣Sub ↵

修正箇所

3	Workbooks.Openメソッドの引数を( )で囲むことにより、コンパイルエラーが解消される

ここがポイント

■ 命令の文法を確認しよう

コンパイルエラー「修正候補：ステートメントの最後」は、命令文に必要な記号が入力されていなかったり、逆に余分な記号や情報が入力されていたりする場合に発生します。このエラーが発生した場合は、単純な入力ミスを確認するだけでなく、命令文の文法が正しいかも見直しましょう。

Compile Error 012

定数式が必要です。

エラーの意味

このエラーは、Constステートメントで定数を宣言した際に、定数として適切でない値(変数やオブジェクトなど)を割り当てようとした場合に発生します(変数、定数…319ページ、配列…327ページ、関数…334ページ)。

■ 考えられる原因

1. 定数に変数やオブジェクトを設定した
2. 定数に関数の戻り値を設定した
3. 静的長配列の宣言時に、インデックスを変数で指定した

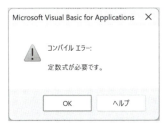

定数に代入する値が、単純に変数となっている場合も、同様のコンパイルエラーが発生します。

エラー例①

変数を定数に割り当てた

```
1  Sub エラー例1()
2    Dim var As Long
3    var = Range("A1").Value
4    Const price As Long = var * 1.1
5    MsgBox price
6  End Sub
```

1	Subプロシージャ「エラー例1」を開始する
2	Long型の変数「var」を宣言する
3	セルA1の値を変数「var」に代入する
4	ConstステートメントでLong型の定数「price」を宣言し、**変数「var」と1.1の乗算を割り当てる**。このとき代入する式に変数が含まれているため、コンパイルエラーが発生する
5	定数「price」の値をメッセージボックスで表示する
6	Subプロシージャ「エラー例1」を終了する

修正例①

変数を含む計算は、変数に代入する

1	`Sub␣修正例1()` ↵
2	[Tab] `Dim␣var␣As␣Long` ↵
3	[Tab] `var␣=␣Range("A1").Value` ↵
4	[Tab] `Dim␣price␣As␣Long` ↵
5	[Tab] `price␣=␣var␣*␣1.1` ↵
6	[Tab] `MsgBox␣price` ↵
7	`End␣Sub` ↵

修正箇所

4	Long型の変数「price」を宣言する。変数は、宣言と代入が同時に行えないため、値の代入は次の行で行う
5	「var」と「1.1」の乗算を変数「price」に代入する

エラー例②

関数の戻り値を定数に割り当てた

1	`Sub␣エラー例2()` ↵
2	[Tab] `Const␣today␣As␣Long␣=␣Now()` ↵
3	[Tab] `MsgBox␣today` ↵
4	`End␣Sub` ↵

1	Subプロシージャ「エラー例2」を開始する
2	ConstステートメントでLong型の定数「today」を宣言し、Now関数で今日の日付を表す値を割り当てる。ここで**定数に関数の戻り値を設定している**ため、コンパイルエラーが発生する
3	定数「today」の値をメッセージボックスで表示する
4	Subプロシージャ「エラー例2」を終了する

修正例②

関数の戻り値は変数に代入する

```
1  Sub 修正例2()
2      Dim today As Long
3      today = Now()
4      MsgBox today
5  End Sub
```

修正箇所

2	**Long型の変数「today」を宣言**する。変数は宣言と代入を別の行で実行する必要があるため、値の代入は次の行で行う
3	Now関数で今日の日付を表す値を取り出し、**変数「today」に代入**する

エラー例③

オブジェクトを定数に割り当てた

```
1  Sub エラー例3()
2      Const rng = Range("A1")
3      MsgBox rng.Value
4  End Sub
```

1	Subプロシージャ「エラー例3」を開始する
2	Constステートメントで定数「rng」を宣言し、セルA1のRangeオブジェクトを割り当てる。このとき、**定数にオブジェクトを代入**しているため、コンパイルエラーが発生する

3	「rng」に代入したセル範囲の値をメッセージボックスで表示する
4	Subプロシージャ「エラー例3」を終了する

修正例③
オブジェクトは変数に代入する

1	Sub␣修正例3() ⏎
2	[Tab] Dim␣rng ⏎
3	[Tab] Set␣rng␣=␣Range("A1") ⏎
4	[Tab] MsgBox␣rng.Value ⏎
5	End␣Sub ⏎

修正箇所

2	変数「rng」を宣言する。データ型を指定していないため、自動的にVariant型が設定される
3	セルA1のRangeオブジェクトを代入する。オブジェクトの代入のため、Setステートメントを使う

エラー例④
静的配列の要素数を変数で指定した

1	Sub␣エラー例4() ⏎
2	[Tab] Dim␣size␣As␣Integer ⏎
3	[Tab] size␣=␣10 ⏎
4	[Tab] Dim␣arr(size)␣As␣Integer ⏎
5	End␣Sub ⏎

1	Subプロシージャ「エラー例4」を開始する
2	Integer型の変数「size」を宣言する
3	変数「size」に10を代入する
4	Integer型の静的配列「arr」を宣言する。このとき、**配列の要素数を変数「size」で指定**しているためコンパイルエラーが発生する
5	Subプロシージャ「エラー例4」を終了する

修正例④
要素数を変数で指定する場合は動的配列にする

```
1  Sub 修正例4()
2      Dim size As Integer
3      size = 10
4      Dim arr() As Integer
5      ReDim arr(size)
6  End Sub
```

修正箇所

4	Integer型の動的配列「arr」を宣言する。動的配列では、宣言時に要素数を記述しないようにする
5	変数「size」の値を使って、動的配列「arr」の要素数を決める

ここがポイント

■ 定数が使えない場合は変数に置き換える

Constステートメントを使用して定数を宣言する際、リテラル値、他の定数、または定数同士の演算結果を割り当てる必要があります。これ以外の変数や変数を含む演算結果、関数やプロシージャの結果を割り当てようとすると、ここで紹介したエラーが発生します。

Constステートメントで定数に割り当てることができるデータ型は変数よりも少なく、RangeやWorksheetなどのオブジェクトは設定できません。使用できるデータ型は次ページの表の通りです。加えて、Variant型を指定した場合も、実質的には他の9種類のデータ型の値しかできません。ここに示す以外のデータ型を使う場合は変数に代入しましょう。

データ型	日本語名
Boolean	ブール値
Byte	バイト
Integer	整数
Long	長整数
Currency	通貨
Single	単精度浮動小数点数
Double	倍精度浮動小数点数
Date	日付
String	文字列
Varian	バリアント

ややわかりづらいケースが、エラー例④で紹介した、配列の宣言時に発生するパターンです。静的配列を宣言する際に、要素数を変数で指定した場合にもコンパイルエラーが発生します。**動的配列**を作成してReDimステートメントで要素数を指定すると、変数を使用できます（プロシージャ…310ページ、データ型…324ページ）。

リテラルとは

リテラル（literal）とは、「文字通り」という意味の形容詞です。プログラミングの文脈においては、コード内に直接記述される数値や文字列のことを指します。

Compile Error 013

定数には値を代入できません。

エラーの意味

定数として宣言した値は固定されており、宣言後は変更できません。定数に後から値を代入しようとすると、コンパイルエラーが発生します（定数…319ページ）。

■ 考えられる原因

1. 定数として定義している値に後から値を代入した
2. VBAの組み込み定数に代入した

すでに定数として宣言されている値を変更しようとしたため、コンパイルエラーが表示されます。

エラー例①

定数宣言後に値を代入した

```
1  Sub エラー例1()
2      Const tax As Double = 0
3      tax = 0.1
4      MsgBox 19800 * tax
5  End Sub
```

1 Subプロシージャ「エラー例1」を開始する

2	Double型の定数「tax」を宣言し、0を代入する
3	定数「tax」に0.1を代入する。ここで定数に値の再代入をしたため、コンパイルエラーが発生する
4	数値と定数「tax」を乗算し、その結果をメッセージボックスで表示する
5	Subプロシージャ「エラー例1」を終了する

修正例①
定数への値の再設定を削除する

1	Sub␣エラー例1 ⏎
2	[Tab] Const␣tax␣As␣Double␣=␣0.1 ⏎
3	[Tab] '␣Const␣tax␣=␣0.1 ⏎
4	[Tab] MsgBox␣19800␣*␣tax ⏎
5	End␣Sub ⏎

修正箇所

2	定数「tax」の定義時に「0.1」を設定する
3	定数に数値を再設定するステートメントを削除する。これによりコンパイルエラーが解消できる。ここではコメントアウトしているが、削除してもよい

エラー例②
Addressプロパティに値を代入した

1	Sub␣エラー例2() ⏎
2	[Tab] Dim␣rng␣As␣Range ⏎
3	[Tab] Set␣rng␣=␣Selection ⏎
4	[Tab] MsgBox␣"現在のセルアドレス:␣"␣&␣rng.Address ⏎
5	[Tab] rng.Address␣=␣"B2" ⏎
6	[Tab] MsgBox␣"変更後のセルアドレス:␣"␣&␣rng.Address ⏎
7	End␣Sub ⏎

1	Subプロシージャ「エラー例2」を開始する

2	Range型のオブジェクト変数「rng」を宣言する
3	オブジェクト変数「rng」に選択中のセル範囲を代入する
4	オブジェクト変数「rng」のセル番地と文字列を結合し、メッセージボックスで表示する
5	オブジェクト変数「rng」のAddressプロパティにセル番地を示す文字列を代入する。Addressプロパティは定数扱いのため、コンパイルエラーが発生する
6	オブジェクト変数「rng」のセル番地と文字列を結合し、メッセージボックスで表示する
7	Subプロシージャ「エラー例2」を終了する

修正例②

Rangeプロパティでセルを取得しなおす

```
1  Sub 修正例2()
2     Dim rng As Range
3     Set rng = Selection
4     MsgBox "現在のセルアドレス：" & rng.Address
5     Set rng = Range("B2")
6     MsgBox "変更後のセルアドレス：" & rng.Address
7  End Sub
```

修正箇所

5	RangeプロパティでセルB2のRangeオブジェクトを取り出し、オブジェクト変数「rng」に代入する。これによりコンパイルエラーを解消できる

ここがポイント

■ 定数に値を代入しない

VBAでは、Constステートメントで定数を宣言します。定数は一度値を設定すると変更できず、宣言後に値を再代入しようとするとコンパイルエラーが発生します。また、vbBlack（黒色を表す定数）のようなあらかじめ定義されている定数や、RangeオブジェクトのAddressプロパティのような読み取り専用のプロパティも同様に、値の変更はできません。

Compile Error 014
名前が適切ではありません

エラーの意味

変数名・定数名・引数名・プロシージャ名などの識別子を設定するとき、重複する名前を使った場合に発生するエラーです（プロシージャ…310ページ、変数、定数…319ページ）。

■ 考えられる原因

1. モジュールレベルで定義した変数名が重複している
2. モジュールレベルで定義した定数名が重複している
3. プロシージャ名が重複している

モジュールレベルの変数名と定数名が重複しているため、エラーが発生しました。

エラー例①
変数名と定数名が重複している

```
1  Public msg As String
2  Const msg As Integer = 20
3  Sub エラー例1()
4  [Tab] msg = "Excel VBA"
5  [Tab] MsgBox msg
6  End Sub
```

1	String型のパブリック変数「msg」を宣言する
2	Integer型のモジュールレベルの定数「msg」を宣言する。**1行目のパブリック変数と同じ名前を付けている**ため、コンパイルエラーが発生する
3	Subプロシージャ「エラー例1」を開始する
4	変数「msg」に文字列を代入する
5	メッセージボックスで変数「msg」を表示する
6	Subプロシージャ「エラー例1」を終了する

修正例①

変数名と定数名が重複しないように変更する

1	`Public msg_str As String` ↵
2	`Const msg_int As Integer = 20` ↵
3	`Sub 修正例1()` ↵
4	[Tab] `msg_str = "Excel VBA"` ↵
5	[Tab] `MsgBox msg` ↵
6	`End Sub` ↵

修正箇所

1	String型のパブリック変数の名前を「msg_str」に変更する
2	Integer型のモジュールレベル定数の名前を「msg_int」に変更する。変数と定数の名前が重複しなくなったため、コンパイルエラーが解消される

エラー例②

Subプロシージャの名前が重複している

1	`Function Total(rng As Range) As Double` ↵
2	[Tab] `Dim cell` ↵
3	[Tab] `For Each cell In rng` ↵
4	[Tab] [Tab] `Total = Total + cell.Value` ↵
5	[Tab] `Next cell` ↵
6	`End Function` ↵

```
 7  Sub エラー例2()
 8      MsgBox "売上の合計は " & Total(Range("A2:A10"))
 9  End Sub
10  Sub エラー例2()
11      MsgBox "売上の合計は " & Total(Range("B2:B10"))
12  End Sub
```

1	Functionプロシージャ「Total」を開始する。引数はRange型の「rng」とし、戻り値はDouble型とする
2	変数「cell」を宣言する。データ型を指定していないため、自動的にVariant型となる
3	Range型のオブジェクト変数「rng」からセルを1つずつ取り出し、変数「cell」に代入して以下の処理を行う（For Eachステートメントの開始）
4	「Total」と変数「cell」を合計し、「Total」に代入する。For Eachステートメントが完了した際の最終的な「Total」の値が戻り値となる
5	次のループに移行する
6	Functionプロシージャ「Total」を開始する
7	Subプロシージャ「エラー例2」を開始する
8	FunctionプロシージャTotalを呼び出し、その戻り値を文字列と結合してメッセージボックスで表示する。関数プロシージャ「Total」の引数は、セル範囲A2からA10のRangeオブジェクトとする
9	Subプロシージャ「エラー例2」を終了する
10	Subプロシージャ「エラー例2」を開始する。6行目の**Subプロシージャと名前がまったく同じ**のため、コンパイルエラーが発生する
11	FunctionプロシージャTotalを呼び出し、その戻り値を文字列と結合してメッセージボックスで表示する。Functionプロシージャ「Total」の引数は、セル範囲B2からB10のRangeオブジェクトとする
12	Subプロシージャ「エラー例2」を終了する

修正例②

プロシージャ名が重複しないように変更する

```
 1  Function Total(rng As Range) As Double
 2      Dim cell
 3      For Each cell In rng
```

```
 4 │ [Tab][Tab]Total_=_Total_+_cell.Value ↵
 5 │ [Tab]Next_cell ↵
 6 │ End_Function ↵
 7 │ Sub_修正例2_売上計算() ↵
 8 │ [Tab]MsgBox_"売上の合計は_"_&_Total(Range("A2:A10")) ↵
 9 │ End_Sub ↵
10 │ Sub_修正例2_個数計算() ↵
11 │ [Tab]MsgBox_"売上の合計は_"_&_Total(Range("B2:B10")) ↵
12 │ End_Sub ↵
```

修正箇所

6	Subプロシージャの名前を「修正例2_売上計算」に変更する
10	Subプロシージャの名前を「修正例2_個数計算」に変更する。プロシージャの名前が重複しなくなるため、コンパイルエラーが発生することなく処理が実行される

ここがポイント

■ 名前が重複しないように変更する

コンパイルエラー「名前が適切ではありません」は、モジュールレベルで同一の名前が重複して定義されている場合に発生します。具体的には、変数、定数、プロシージャまたは関数などで同じ名前を使用すると、このエラーが表示されます。特にコードをコピーして、同じモジュール内で貼り付けた後、名前を修正し忘れているときなどに、このエラーがよく発生します。重複しない名前に変更することで、エラーの発生を防ぐことができます。

なお、プロシージャ内で変数名が重複している場合は、別のコンパイルエラー「同じ適用範囲内で宣言が重複しています」が発生します（関数…334ページ）。

Compile Error 015

名前付き引数が見つかりません。

エラーの意味

名前付き引数とは、プロシージャや関数の引数を名前で指定できる機能です。プロシージャや関数に名前付き引数を渡すとき、引数名が間違っていたり、存在しない名前を指定したりした場合にコンパイルエラーが発生します（プロシージャ…310ページ、関数…334ページ）。

■ 考えられる原因

1. 名前付き引数の名前が間違っている
2. 名前付き引数を使えない関数で名前付き引数を使用している

名前付き引数のスペルが間違っているため、コンパイルエラーが発生します。

エラー例①

名前付き引数のスペルが間違っている

```
1  Sub エラー例1()
2    Range("A1").Copy Destnation:=Range("B1")
3  End Sub
```

1 Subプロシージャ「エラー例1」を開始する

2	セルA1をCopyメソッドでコピーし、B1セルに貼り付ける。このとき、**名前付き引数のスペルが誤っている**ため、コンパイルエラーが発生する
3	Subプロシージャ「エラー例1」を終了する

修正例①

名前付き引数のスペルを修正する

1	Sub␣修正例1()⏎
2	[Tab] Range("A1").Copy␣Destination:=Range("B1")⏎
3	End␣Sub⏎

修正箇所

2	名前付き引数のスペルを「Destination」に修正する。これにより、コンパイルエラーが発生することなく処理が実行される

エラー例②

存在しない名前付き引数を指定する

1	Sub␣エラー例2()⏎
2	[Tab] Dim␣str,␣num⏎
3	[Tab] str␣=␣"Takehiro␣Sawada"⏎
4	[Tab] num␣=␣InStr(str,␣"␣")⏎
5	[Tab] MsgBox␣°ª⏎
6	End␣Sub⏎

1	Subプロシージャ「エラー例2」を開始する
2	変数「str」と「num」を宣言する。データ型は指定していないため、自動的にVariant型として設定される
3	変数「str」に文字列を代入する
4	変数「str」の文字列から、半角スペースが何文字目に位置するかを検索し、その結果となる数値を変数「num」に代入する

5	変数「str」の文字列から、Left関数で変数「num」にあたる文字数までを取り出し、メッセージボックスで表示する。このとき、**Left関数で本来存在しない名前付き引数の「String」と「Length」**を使用しているため、コンパイルエラーが発生する
6	Subプロシージャ「エラー例2」を終了する

修正例②

Left関数の引数を修正する

1	`Sub␣修正例2()` ⏎
2	[Tab] `Dim␣str,␣num` ⏎
3	[Tab] `str␣=␣"Takehiro␣Sawada"` ⏎
4	[Tab] `num␣=␣InStr(str,␣"␣")` ⏎
5	[Tab] `MsgBox␣Left(str,␣num)` ⏎
6	`End␣Sub` ⏎

修正箇所

5	**Left関数の引数を()内に記述し、名前付き引数を削除**する。これにより、コンパイルエラーが解消され、処理が実行される

ここがポイント

■ 引数の指定方法が正しいか見直す

このコンパイルエラーは、関数やメソッドの引数を名前付き引数で指定した際に、指定方法が正しくない場合に発生します。主な原因としては、名前付き引数のスペルを誤っている、あるいはそもそも名前付き引数が存在しない関数やプロパティを使用している、などが考えられます。

クイックヒントで引数の名前を確認する

名前付き引数の正確なスペルは、VBEでコード入力時に表示されるクイックヒントで確認できます。ヒントが表示されない場合は、Ctrl キーを押しながら I キーを押すと表示されます。

```
Sub test()
    Dim ws As Worksheet
    Set ws = ActiveSheet
    ws.Copy
End Sub  Copy([Before], [After])
```

クイックヒントで関数の引数を確認できます。[ ]で囲まれている引数は省略可能です。

Compile Error 016

引数の数が一致していません。または不正なプロパティを指定しています。

エラーの意味

マクロ内で呼び出したプロシージャや関数、メソッドに対して、指定された引数の数が過剰に指定されている場合や、引数が足りない場合にエラーが発生します（プロシージャ…310ページ、関数…334ページ）。

■ 考えられる原因

1 引数の数が過剰に指定されている
2 誤って定義した同名のプロシージャを使用している

本来不要な引数を指定して関数を呼び出しているため、コンパイルエラーが発生しました。

エラー例①

関数の引数が多すぎる

```
1  Sub エラー例1()
2      Dim str, num
3      str = "Takehiro Sawada Urabe Inc."
4      num = InStr(str, " ")
5      MsgBox Left(str, num, 14)
6  End Sub
```

1 Subプロシージャ「エラー例1」を開始する

2	変数「str」と「num」を宣言する。データ型は指定していないため、自動的にVariant型として設定される
3	変数「str」に文字列を代入する
4	変数「str」の文字列から、半角スペースが何文字目に位置するかを検索し、その結果となる数値を変数「num」に代入する
5	変数「str」の文字列から、Left関数で変数「num」にあたる文字数までを取り出し、メッセージボックスで表示する。このとき、**Left関数では本来不要な3つ目の引数「14」を指定している**ため、コンパイルエラーが発生する
6	Subプロシージャ「エラー例1」を終了する

修正例①-a
不要な引数を削除する

```
1  Sub 修正例1a()
2    Dim str, num
3    str = "Takehiro Sawada Urabe Inc."
4    num = InStr(str, " ")
5    MsgBox Left(str, num)
6  End Sub
```

修正箇所

5	**Left**関数の3つ目の引数を削除することで、エラーが発生することなく処理が実行される

修正例①-b
適切な関数に変更する

```
1  Sub 修正例1b()
2    Dim str, num
3    str = "Takehiro Sawada Urabe Inc."
4    num = InStr(str, " ")
5    MsgBox Mid(str, num, 14)
```

| 6 | End␣Sub ↵ |

修正箇所

| 5 | 3つの引数を使うMid関数に置き換えることで、エラーが発生することなく処理が実行される。ここでは、変数「num」文字目から、14文字分の文字列が変数「str」から抽出され、メッセージボックスで表示される |

エラー例②

もとからある関数を上書きした

1	Sub␣replace(arg␣As␣String) ↵
2	[Tab] Debug.Print␣arg ↵
3	End␣Sub ↵
4	Sub␣エラー例2() ↵
5	[Tab] Dim␣result␣As␣String ↵
6	[Tab] result␣=␣replace("Hello␣World",␣"World",␣"Taro") ↵
7	[Tab] MsgBox␣result ↵
8	End␣Sub ↵

1	Subプロシージャ「replace」を開始する。引数はString型の「arg」とする
2	イミディエイトウィンドウに引数「arg」の値を出力する
3	Subプロシージャ「replace」を終了する
4	Subプロシージャ「エラー例2」を開始する
5	String型の変数「result」を宣言する
6	Replace関数で「Hello World」の「World」を「Taro」に置き換え、その結果を変数「result」に代入する。ところが、**1行目で定義したSubプロシージャ「replace」で関数を上書きしたため、呼び出す関数に対して引数が多すぎること**になり、コンパイルエラーが発生する
7	変数「result」の値をメッセージボックスで表示する
8	Subプロシージャ「エラー例2」を終了する

修正例②
VBA関数を明示して呼び出す

```
1  Sub replace(arg As String)
2      Debug.Print arg
3  End Sub
4  Sub 修正例2()
5      Dim result As String
6      result = VBA.replace("Hello World", "World", "Taro")
7      MsgBox result
8  End Sub
```

修正箇所

6 | replace関数の前に「VBA.」を追記することで、VBAに最初から定義されているReplace関数を明示して呼び出す。これにより、エラーが発生することなく処理が実行される

ここがポイント

■ 引数の数が適切か確認する

ここで紹介しているエラーは、関数やプロパティに指定した引数の数が多すぎる場合に発生します。一方、引数が少なすぎる場合には、「引数は省略できません。」という別のコンパイルエラーが表示されます。

注意すべき点として、VBAがもともと提供している関数と同じ名前の関数を同じモジュール内で定義すると、元の関数が上書きされてしまいます。その結果、引数の数が合わなくなり、コンパイルエラーが発生します。この場合は、自作の関数名を変更するか、VBAの組み込み関数を使用する際に「VBA.」を関数名の前に付けることで、組み込み関数を明示的に呼び出すことができます。

引数は省略できません。

エラーの意味

特定のプロシージャや関数を呼び出すとき、必要な引数が指定されていない場合に発生するエラーです。不足している引数を追加したり、適切な引数を指定し直したりすることで、エラーを解消できます（プロシージャ…310ページ、関数…334ページ）。

■ 考えられる原因

1. 引数の数が不足している
2. 引数の指定を忘れている

関数を呼び出す際に、必要な引き数が不足しているため、コンパイルエラーが発生しました。

エラー例①

引数が不足している

```
1  Sub エラー例1()
2    Dim result As String
3    result = Left("鈴木 一郎")
4    MsgBox result
5  End Sub
```

1	Subプロシージャ「エラー例1」を開始する
2	String型の変数「result」を宣言する
3	Left関数で文字列から文字を抽出し、その結果を変数「result」に代入する。このとき、**Left関数に必要な引数が不足している**ため、コンパイルエラーが発生する
4	変数「result」の値をメッセージボックスで表示する
5	Subプロシージャ「エラー例1」を終了する

修正例①

不足している引数を追記する

1	`Sub 修正例1()` ⏎
2	[Tab] `Dim result As String` ⏎
3	[Tab] `result = Left("鈴木 一郎", 2)` ⏎
4	[Tab] `MsgBox result` ⏎
5	`End Sub` ⏎

修正箇所

3	Left関数に**不足していた引数「2」を追記**する。これによりコンパイルエラーが解消できる

エラー例②

引数の指定が漏れている

1	`Sub TestSub(msg As String)` ⏎
2	[Tab] `MsgBox msg` ⏎
3	`End Sub` ⏎
4	`Sub エラー例2()` ⏎
5	[Tab] `Call TestSub` ⏎
6	`End Sub` ⏎

1	Subプロシージャ「TestSub」を開始する。引数はString型の「msg」とする

2	変数「msg」の値をメッセージボックスで出力する
3	Subプロシージャ「TestSub」を終了する
4	Subプロシージャ「エラー例2」を開始する
5	CallステートメントでSubプロシージャ「TestSub」を呼び出す。このとき、**必要な引数が指定されていないため、コンパイルエラーが発生する**
6	Subプロシージャ「エラー例2」を終了する

修正例②
引数を指定する

1	Sub␣TestSub(msg␣As␣String) ↵
2	[Tab] MsgBox␣msg ↵
3	End␣Sub ↵
4	Sub␣修正例2() ↵
5	[Tab] Call␣TestSub("メッセージ") ↵
6	End␣Sub ↵

修正箇所

5	Subプロシージャ「TestSub」を呼び出す際に、**引数として文字列を指定**する。これによりコンパイルエラーが解消され、処理が正常に実行される

ここがポイント

■ 不足している引数を確認する

VBAの関数やプロシージャには、必須の引数と省略可能な引数があります。必須の引数を指定せずに関数やプロシージャを呼び出すと、コンパイルエラー「引数は省略できません」が発生します。このエラーが発生した場合は、必要な引数を確認し、指定しなおしましょう。必要な引数がわからないときは、93ページを参考にコードの入力中に表示されるクイックヒントを確認します。

Compile Error 018

プロパティの使い方が不正です。

エラーの意味

プロパティを使用する際は、いくつかのルールを守る必要があります。このルールが守られていない状態でプロパティを使用すると、コンパイルエラーが発生します（コレクション…314ページ、演算子…331ページ）。

■ 考えられる原因

1. 代入演算子の「=」を入力し忘れた
2. 引数の()が入力されていない
3. コレクションに不適切な値を入力した

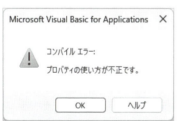

代入文の「=」が不足しているため、コンパイルエラーが発生しました。

エラー例①
代入演算子「=」が欠落

```
1  Sub エラー例1()
2      Dim ws As Worksheet
3      Set ws = ActiveSheet
4      ws.Name "NewSheet"
5  End Sub
```

1	Subプロシージャ「エラー例1」を開始する
2	Worksheet型のオブジェクト変数「ws」を宣言する
3	オブジェクト変数「ws」に、現在操作中のシートのオブジェクトを代入する
4	オブジェクト変数「ws」のNameプロパティに文字列を代入する。ところが、**代入演算子の「=」が記述されていないため**、コンパイルエラーが発生する
5	Subプロシージャ「エラー例1」を終了する

修正例①
代入演算子「=」を追記

1	Sub␣修正例1()⏎
2	[Tab] Dim␣ws␣As␣Worksheet⏎
3	[Tab] Set␣ws␣=␣ActiveSheet⏎
4	[Tab] ws.Name␣=␣"NewSheet"⏎
5	End␣Sub⏎

修正箇所

4	「ws.Name」の後ろに**代入演算子「=」を追記**することにより、コンパイルエラーを解消できる

エラー例②
引数の括弧()が省略されている

1	Sub␣エラー例2()⏎
2	[Tab] Cells␣1,␣1␣=␣"Test"⏎
3	End␣Sub⏎

1	Subプロシージャ「エラー例2」を開始する
2	Cellsプロパティで1行目・1列目のセルに文字列を代入する。ところが、**Cellsプロパティが引数を括弧で囲んでいないため**、コンパイルエラーが発生する
3	Subプロシージャ「エラー例2」を終了する

修正例②

引数の括弧 ( ) を追記

```
1  Sub␣修正例2()␣↵
2  [Tab] Cells(1,␣1)␣=␣"Test"␣↵
3  End␣Sub␣↵
```

修正箇所

| 2 | **Cells**プロパティの引数を括弧で囲むことにより、コンパイルエラーを解消できる。ここでは、セルA1に「Test」という文字が入力される |

エラー例③

プロパティの値を使用していない

```
1  Sub␣エラー例3()␣↵
2  [Tab] Dim␣wb␣As␣Workbook␣↵
3  [Tab] Set␣wb␣=␣ThisWorkbook␣↵
4  [Tab] wb.FullName␣↵
5  End␣Sub␣↵
```

1	Subプロシージャ「エラー例3」を開始する
2	Workbook型のオブジェクト変数「wb」を宣言する
3	オブジェクト変数「wb」に、現在操作中のブックのオブジェクトを代入する
4	オブジェクト変数「wb」のFullNameプロパティで、保存場所のパスを取り出す。ところがこの値が代入や出力などに使用されていないため、コンパイルエラーが発生する
5	Subプロシージャ「エラー例3」を終了する

修正例③
メソッドの引数としてプロパティを使用する

1	`Sub␣修正例3()`↵
2	[Tab]`Dim␣wb␣As␣Workbook`↵
3	[Tab]`Set␣wb␣=␣ThisWorkbook`↵
4	[Tab]`MsgBox␣wb.FullName`↵
5	`End␣Sub`↵

修正箇所

4	オブジェクト変数「wb」のFullNameプロパティをメッセージボックスで表示する。**取り出した値をMsgBox関数の引数として使用している**ため、コンパイルエラーが発生することなく処理が実行される。

エラー例④
コレクションに値を代入しようとした

1	`Sub␣エラー例4()`↵
2	[Tab]`Dim␣wb␣As␣Workbook`↵
3	[Tab]`Set␣wb␣=␣ThisWorkbook`↵
4	[Tab]`wb.Sheets␣=␣"DataSheet"`↵
5	`End␣Sub`↵

1	Subプロシージャ「エラー例4」を開始する
2	Workbook型のオブジェクト変数「wb」を宣言する
3	オブジェクト変数「wb」に、現在操作中のブックのオブジェクトを代入する
4	オブジェクト変数「wb」のSheetsプロパティで、操作中のブックが持つシート一覧のコレクションを取り出す。文字列を代入したが、**コレクション全体に対して値を設定しようとしている**ため、コンパイルエラーが発生する
5	Subプロシージャ「エラー例4」を終了する

修正例④
引数を指定してコレクションから特定の要素を取り出す

1	`Sub 修正例4()`
2	`Tab` `Dim wb As Workbook`
3	`Tab` `Set wb = ThisWorkbook`
4	`Tab` `wb.Sheets(1).Name = "DataSheet"`
5	`End Sub`

修正箇所

4	オブジェクト変数「wb」の**Sheets**プロパティに引数の「1」を指定し、Worksheetオブジェクトを取り出す。このオブジェクトのNameプロパティに文字列を代入することにより、名前が変更される

ここがポイント

■ プロパティの正しい記述方法を見直す

「プロパティの使い方が不正です」は、プロパティの使用方法に誤りがある場合に発生するコンパイルエラーです。代入文で「=」が不足してしていたり、プロパティの引数に括弧が使用されていなかったりと、起こりうる原因はさまざまです。代表的な例を4つ紹介しているので、まずはここから原因を探ってみましょう。

Compile Error 019

変数が定義されていません。

エラーの意味

変数を正しく宣言せず使用した際に発生するコンパイルエラーです。変数の宣言を強制する「Option Explicit」ステートメントが有効な場合にのみ発生します。「Option Explicit」ステートメントを使用していない場合は発生しません（変数…319ページ）。

■ 考えられる原因

1. Dimなどで変数宣言をしていない
2. ForやWithで使う変数が事前に定義されていない
3. 変数のスペルを間違えている

宣言した変数と違う変数を使ったことになり、エラーが表示されます。

エラー例①

変数の名前を誤入力した

```
1  Option Explicit
2  Sub エラー例1()
3    Tab  Dim price As Long
4    Tab  price = 25000
5    Tab  MsgBox prise
```

```
6  End_Sub ↵
```

1	変数の宣言を強制する
2	Subプロシージャ「エラー例1」を開始する
3	Long型の変数「price」を宣言する
4	変数「price」に25000を代入する
5	変数「price」をメッセージボックスで表示する。このとき、**変数名を誤って「prise」と記述したため、宣言していない変数を使用している**ことになり、コンパイルエラーが発生する
6	Subプロシージャ「エラー例1」を終了する

修正例①

変数名を正しく記述する

```
1  Option_Explicit ↵
2  Sub_修正例1() ↵
3  [Tab] Dim_price_As_Long ↵
4  [Tab] price_=_25000 ↵
5  [Tab] MsgBox_price ↵
6  End_Sub ↵
```

修正箇所

5 変数の名前を正しい「price」に修正することで、コンパイルエラーを解消できる

エラー例②

宣言していない変数を使用した

```
1  Option_Explicit ↵
2  Sub_エラー例2() ↵
3  [Tab] For_i_=_1_To_10 ↵
4  [Tab][Tab] Debug.Print_i ↵
5  [Tab] Next ↵
```

| 6 | End␣Sub ↵ |

1	変数の宣言を強制する
2	Subプロシージャ「エラー例2」を開始する
3	変数「i」が1から10になるまで以下の処理を繰り返す（For Nextステートメントの開始）。ここで、**宣言されていない変数「i」が使用されている**ため、コンパイルエラーが発生する
4	イミディエイトウィンドウに変数「i」を出力する
5	次のループに移行する
6	Subプロシージャ「エラー例2」を終了する

修正例②

カウンタ変数を宣言する

1	Option␣Explicit ↵
2	Sub␣修正例2() ↵
3	[Tab] Dim␣i␣As␣Integer ↵
4	[Tab] For␣i␣=␣1␣To␣10 ↵
5	[Tab][Tab] Debug.Print␣i ↵
6	[Tab] Next ↵
7	End␣Sub ↵

修正箇所

3	For Nextステートメントで使用する**カウンタ変数「i」を宣言**する。これによりコンパイルエラーを解消できる

ここがポイント

■ 宣言し忘れや誤入力がエラーの原因

「変数が定義されていません。」は、「Option Explicit」が有効な状態で、変数を宣言せずに使用した際に発生するコンパイルエラーです。多くの場合は、For Nextステートメントで使用するカウンタ変数の宣言し忘れや、変数名の誤入力が原因です。

Compile Error 020

メソッドまたはデータメンバーが見つかりません。

エラーの意味

指定したオブジェクトに対して、メンバー・コントロール・メソッドの名前が間違っている、あるいは存在しない場合に発生するエラーです。間違った名前を正しい名前に修正する、存在しない場合は削除する、または適切なものに置き換えることで解決できます（オブジェクト...314ページ）。

■ 考えられる原因

1. 列挙型またはユーザー定義型で、存在しないメンバーを指定した
2. 存在しないコントロールを指定した

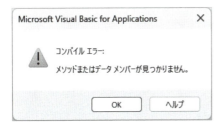

存在しないプロパティにアクセスしているため、エラーが発生します。

エラー例①

フォームのコントロールが存在しない

```
1  Private Sub CommandButton1_Click()
2  [Tab] Me.TextBox1.Text = "Hello"
3  End Sub
```

1 Subプロシージャ「CommandButton1_Click」を開始する。このプロシージャは、フォームの「CommandButton1」コントロールをクリックしたときに、以下の処理を実行する

| 2 | フォームの「TextBox1」コントロールに指定の文字列を入力する。このとき、「TextBox1」が存在していない、あるいは別の名前に変更されていると、存在しないメンバーを参照していることになるため、コンパイルエラーが発生する。正しい名前に修正することで、エラーが解消される |
| 3 | Subプロシージャ「CommandButton1_Click」を終了する |

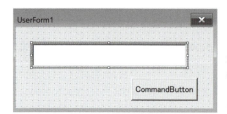

「CommandButton」をクリックすると、Subプロシージャ「CommandButton1_Click」が実行されます。フォーム内に「TextBox1」コントロールが存在しないため、コンパイルエラーが発生します。

修正例①
コントロールの名称を修正する

```
1  Private Sub CommandButton1_Click()
2    [Tab] Me.テキストボックス.Text = "Hello"
3  End Sub
```

修正箇所

| 2 | コントロールの名称を修正後の「テキストボックス」に変更する。これによりコンパイルエラーを解消できる |

エラー例②
ユーザー定義型で存在しないプロパティにアクセスした

```
1  Public Type Person
2    [Tab] Name As String
3    [Tab] Age As Long
4  End Type
5  Sub エラー例2()
6    [Tab] Dim p As Person
```

7	[Tab] p.Name␣=␣"Taro" ⏎
8	[Tab] p.Age␣=␣30 ⏎
9	[Tab] p.City␣=␣"Tokyo" ⏎
10	End␣Sub ⏎

1	ユーザー定義型の「Person」を開始する
2	String型のNameプロパティを宣言する
3	Long型のAgeプロパティを宣言する
4	ユーザー定義型の「Person」を終了する
5	Subプロシージャ「エラー例2」を開始する
6	ユーザー定義型「Person」の変数「p」を宣言する
7	変数「p」のNameプロパティに文字列（名前）を代入する
8	変数「p」のAgeプロパティに数値（年齢）を代入する
9	変数「p」のCityプロパティに文字列（居住地）を代入する。このとき、**ユーザー定義型「Person」にはCityプロパティが定義されていないためコンパイルエラーが発生する**
10	Subプロシージャ「エラー例2」を終了する

修正例②-a
存在しないプロパティへのアクセスを削除する

1	Public␣Type␣Person ⏎
2	[Tab] Name␣As␣String ⏎
3	[Tab] Age␣As␣Long ⏎
4	End␣Type ⏎
5	Sub␣修正例2() ⏎
6	[Tab] Dim␣p␣As␣Person ⏎
7	[Tab] p.Name␣=␣"Taro" ⏎
8	[Tab] p.Age␣=␣30 ⏎
9	[Tab] 'p.City␣=␣"Tokyo" ⏎
10	End␣Sub ⏎

修正箇所

9	Cityプロパティへの代入をコメントアウトする。これによりコンパイルエラーを解消できる

修正例②-b
ユーザー定義型にプロパティを追加する

```
1  Public Type Person
2   Tab  Name As String
3   Tab  Age As Long
4   Tab  City As String
5  End Type
6  Sub 修正例2b()
7   Tab  Dim p As Person
8   Tab  p.Name = "Taro"
9   Tab  p.Age = 30
10  Tab  p.City = "Tokyo"
11 End Sub
```

修正箇所

4	ユーザー定義型「Person」にCityプロパティを追加する。これによりコンパイルエラーを解消できる

ここがポイント

■ プロパティやメソッドの名前を見直す

このエラーは、オブジェクトから存在しないメンバー（プロパティやメソッドのこと）にアクセスした際に発生します。エラーを解消するには、エラーが発生している箇所で正しいメンバーの名前に修正するか、ユーザー定義型やフォームのほうを修正して呼び出し側と整合性をとる必要があります。

Compile Error 021

ユーザー定義型は定義されていません。

エラーの意味

ユーザー定義型とは、ユーザーが作成できるデータ型のことで、複数の異なるデータ型を格納できます。しかし、VBAで宣言された型を認識できない場合にはエラーが発生します（データ型...324ページ）。

■ 考えられる原因

1 型の宣言スペルを間違えている

VBAに組み込まれたデータ型「Double」のスペルが間違っているため、エラーが発生します。

エラー例

データ型の記述を間違えた

```
1  Sub エラー例1()
2    Dim tax As Doble
3    tax = 0.1
4    MsgBox 19800 * tax
5  End Sub
```

1 Subプロシージャ「エラー例1」を開始する
2 Double型の変数「tax」を宣言する。このとき、Dobule型のスペルを誤って「Doble」と記述したため、コンパイルエラーが発生する

3	変数「tax」に0.1を代入する
4	数値と変数「tax」を掛け算し、その結果をメッセージボックスで表示する
5	Subプロシージャ「エラー例1」を終了する

修正例

データ型のスペルを正しく記述する

```
1  Sub 修正例1()
2  [Tab] Dim tax As Double
3  [Tab] tax = 0.1
4  [Tab] MsgBox 19800 * tax
5  End Sub
```

修正箇所

2	変数のデータ型を正しいスペルであるDoubleに修正する。これによりコンパイルエラーを解消できる

ここがポイント

■ 正しいデータ型のスペルに修正する

VBAは変数宣言時にデータ型を指定すると、まずVBAに最初から組み込まれているデータ型を探し、見つからないと次はユーザー定義型を探します。それでも対応するデータ型が見つからないときに表示されるのが、このコンパイルエラーです。

ユーザー定義型の指定ミスというよりは、大半はデータ型のスペルミスが原因と考えられます。VBEでは、データ型を入力する際に候補が表示されます。この入力補完機能を活用すれば、つづりの誤りを確実に防ぐことができます。

第 **3** 章

実行時エラーを解決しよう

この章では、コードの実行時に表示される実行時エラーについて解決方法を紹介します。エラー番号の昇順（小さい順）に実行時エラーを並べているので、エラー番号を手がかりに解決方法を探してください。

CODE 0003

Returnに対応するGoSubがありません。

エラーの意味

VBAのReturnステートメントには、GoSubステートメントで移動した行ラベルから実行元の行に戻るという意味があります。PythonやJavaScriptといったプログラミング言語と違い、プログラムの中断や、呼び出し元のプロシージャに値を返す意図でReturnステートメントを単独で使用すると実行時エラーが発生します（プロシージャ...310ページ）。

■ 考えられる原因

1. プロシージャ内でGoSubを使わずReturnを単独で使用している
2. Exit SubもしくはExit Functionを誤って削除した

Returnの記述方法を間違えると実行時エラーが発生します。

エラー例①

Returnに対応するGoSubがない

```
1  Sub 呼び出し元のプロシージャ()
2  Tab Dim result As Integer
3  Tab result = 消費税計算(2750)
4  Tab MsgBox "計算結果: " & result
5  End Sub
```

6	Function␣消費税計算(ByVal␣num␣As␣Integer)␣As␣Integer ⏎
7	[Tab] 消費税計算␣=␣num␣*␣1.10 ⏎
8	[Tab] Return ⏎
9	End␣Function ⏎

1	Subプロシージャ「呼び出し元のプロシージャ」を開始する
2	Integer型の変数「result」を宣言する
3	変数resultに、関数プロシージャ「消費税計算」の戻り値を代入する
4	文字列「計算結果：」と変数resultを結合し、メッセージボックスで表示する
5	Subプロシージャ「呼び出し元のプロシージャ」を終了する
6	関数プロシージャ「消費税計算」を開始する
7	変数「num」の数値と1.10を乗算し、その結果を「消費税計算」に代入する
8	Subプロシージャ「呼び出し元のプロシージャ」に値を返すことを意図して、不要なReturnステートメントを記述したため、実行時エラー3が発生する
9	関数プロシージャ「消費税計算」を終了する

修正例①
Returnステートメントを削除する

1	Sub␣呼び出し元のプロシージャ() ⏎
2	[Tab] Dim␣result␣As␣Integer ⏎
3	[Tab] result␣=␣消費税計算(2750) ⏎
4	[Tab] MsgBox␣"計算結果：␣"␣&␣result ⏎
5	End␣Sub ⏎
6	Function␣消費税計算(ByVal␣num␣As␣Integer)␣As␣Integer ⏎
7	[Tab] 消費税計算␣=␣num␣*␣1.10 ⏎
8	[Tab] '␣Return ⏎
9	End␣Function ⏎

修正箇所

| 8 | Returnステートメントをコメントアウトすることにより、このコードの行の処理はスキップされるようになった。ここではコードの違いを明確にするためにコメントアウトしているが、実際には削除してもよい |

ここがポイント

■ 呼び出し元のプロシージャに値を返す方法

VBAでは、呼び出し元のプロシージャに戻り値を返したいときは、関数（Function）プロシージャを使います。関数内にプロシージャ名を記述し、戻り値にする値を代入することで値を返すことができます。他の一般的なプログラミング言語のようにReturn文を記述する必要はありません。

プロシージャ内にReturnとGoSubが両方あるのにエラーが発生する場合は、行ラベルの前に記述しておくべき「Exit Sub」や「Exit Function」が削除されていることが原因として考えられます。行ラベルとは、「ラベル名:」のような形式で、プロシージャ内で特定の処理をまとめたパートのことです。「Exit Sub」や「Exit Function」がないと、行ラベルが無視されて、プロシージャ内の処理が上から順にすべて実行されます。その後Returnの行に来たときに、呼び出し元がないため、エラーが発生します。なお、エラーを修正すると以下が表示されます（関数…334ページ）。

修正したマクロを実行すると、メッセージボックスに計算結果が表示されます。

エラー例②

行ラベルの前にExit Subがない

```
1  Sub␣税込価格を計算()␣↵
2  [Tab]Dim␣num␣As␣Integer␣↵
```

```
 3 | [Tab] Dim␣result␣As␣Integer ↵
 4 | [Tab] num␣=␣2750 ↵
 5 | [Tab] GoSub␣消費税計算 ↵
 6 | [Tab] MsgBox␣"計算結果：␣"␣&␣result ↵
 7 | 消費税計算： ↵
 8 | [Tab] result␣=␣num␣*␣1.1 ↵
 9 | [Tab] Return ↵
10 | End␣Sub ↵
```

1	Subプロシージャ「税込価格を計算」を開始する
2	Integer型の変数「num」を宣言する
3	Integer型の変数「result」を宣言する
4	変数numに整数「2750」を代入する
5	GoSubステートメントでサブルーチン「消費税計算」を呼び出す
6	文字列「計算結果：」と変数resultを結合し、メッセージボックスで表示する
7	サブルーチン「消費税計算」を開始する。行ラベルの前に本来記述しておくべき「Exit Sub」がないため、実行時エラー3が発生する
8	変数「num」の数値と1.10を乗算し、その結果を「result」に代入する
9	サブルーチンを終了し、GoSubステートメントの記述位置に戻る
10	Subプロシージャ「税込価格を計算」を終了する

このマクロを実行すると、計算結果のメッセージボックスを閉じた後に、エラーが発生します。

修正例②

Exit Subを追記する

```
1 | Sub␣税込価格を計算() ↵
2 | [Tab] Dim␣num␣As␣Integer ↵
3 | [Tab] Dim␣result␣As␣Integer ↵
4 | [Tab] num␣=␣2750 ↵
5 | [Tab] GoSub␣消費税計算 ↵
6 | [Tab] MsgBox␣"計算結果：␣"␣&␣result ↵
```

```
 7  Exit Sub
 8  消費税計算：
 9  [Tab] result = num * 1.1
10  [Tab] Return
11  End Sub
```

修正箇所

7	行ラベルの前に「Exit Sub」を追記し、一連の処理の終了位置を明示。これにより実行時エラーを回避できる

修正したマクロを実行すると、メッセージウィンドウで計算結果が表示されます。

GoSubとReturnを使わない方法について

今回のエラーは、古いコードを修正する際にExit Subもしくは Exit Function を誤って削除したことがエラーの原因として考えられます。行ラベルの前にこれらのステートメントがきちんと書かれているか、確認しましょう。

ちなみに、GoSub と Return の組み合わせは、現在ではほとんど使われていません。新しくコードを作るときは、前のページの Sub プロシージャと Function プロシージャのように、2つのプロシージャを組み合わせる方法をおすすめします。

エラー例③

GotoとReturnを誤って組み合わせた

1	`Sub A2A11の数値で基準値を割る()`
2	`[Tab] Dim result As Double`
3	`[Tab] Dim i As Integer`
4	`[Tab] For i = 2 To 11`
5	`[Tab][Tab] On Error GoTo ErrorHandler`
6	`[Tab][Tab] result = 100 / Cells(i, 1)`
7	`[Tab][Tab] Cells(i, 2).Value = result`
8	`[Tab][Tab] On Error GoTo 0`
9	`[Tab] Next`
10	`Exit Sub`
11	`ErrorHandler:`
12	`[Tab] Debug.Print "エラー発生: " & Cells(i, 1).Address & vbCrLf & _`
13	`[Tab][Tab][Tab][Tab] "エラー番号: " & Err.Number & vbCrLf & _`
14	`[Tab][Tab][Tab][Tab] "エラー内容: " & Err.Description`
15	`[Tab] result = 0`
16	`[Tab] Return`
17	`End Sub`

1	Subプロシージャ「A2A11の数値で基準値を割る」を開始する
2	Double型の変数「result」を宣言する
3	Integer型の変数「i」を宣言する
4	変数「i」が2から11になるまで、以下の処理を繰り返す（For Nextステートメントの開始）
5	エラーハンドリングを設定する。これにより、エラーが発生するとラベル「ErrorHandler」までジャンプする
6	セルの値を取り出して100を除算し、その結果を変数「result」に代入する
7	変数「i」行目・2列目のセルに変数「result」の値を入力する
8	次のループまでエラーハンドリングを無効化する
9	次のループに移行する
10	エラーが発生するとここまでジャンプして以下の処理を実行する
11	ラベル「ErrorHandler」を開始する

12	エラー内容をイミディエイトウィンドウに出力する。文字列「エラー発生：」と変数「i」行目・2列目のセル番地、改行コードを結合する
13	エラー内容をイミディエイトウィンドウに出力する（前の行の続き）。文字列「エラー番号：」とエラー番号、改行コードを結合する
14	エラー内容をイミディエイトウィンドウに出力する（前の行の続き）。文字列「エラー内容：」とエラー内容の詳細を結合する
15	変数「result」に0を代入する
16	エラー処理後、元の行に戻るることを意図してReturnステートメントを記述。ところが、GoSubとの組み合わせではないため、実行時エラー3が発生してしまう
17	Subプロシージャ「A2A11の数値で基準値を割る」を終了する

```
イミディエイト
エラー発生：$A$3
エラー番号：11
エラー内容：0 で除算しました。
```

イミディエイトウィンドウには、エラーが発生した箇所とその内容が出力されます。

修正例③
ReturnをResume Nextに置き換える

1	Sub␣A2A11の数値で基準値を割る()↵
2	[Tab] Dim␣result␣As␣Double↵
3	[Tab] Dim␣i␣As␣Integer↵
4	[Tab] For␣i␣=␣2␣To␣11↵
5	[Tab][Tab] On␣Error␣GoTo␣ErrorHandler↵
6	[Tab][Tab] result␣=␣100␣/␣Cells(i,␣1)↵
7	[Tab][Tab] Cells(i,␣2).Value␣=␣result↵
8	[Tab][Tab] On␣Error␣GoTo␣0↵
9	[Tab] Next↵
10	Exit␣Sub↵
11	ErrorHandler:↵
12	[Tab] Debug.Print␣"エラー発生:␣"␣&␣Cells(i,␣1).Address␣&␣vbCrLf␣&␣_↵
13	[Tab][Tab][Tab][Tab] "エラー番号:␣"␣&␣Err.Number␣&␣vbCrLf␣&␣_↵
14	[Tab][Tab][Tab][Tab] "エラー内容:␣"␣&␣Err.Description↵

```
15  [Tab] result = 0
16  [Tab] Resume Next
17  End Sub
```

修正箇所

16 Returnステートメントを Resume Next ステートメントに変更する。これにより、エラー処理後に元の行に戻り、処理が継続される

ここがポイント

■ GoToとReturnは組み合わせない

単体ではあまり使われなくなったGoToステートメントですが、上記で紹介したエラーが発生した際の処理をコントロールするエラーハンドリングとの組み合わせでは頻繁に使用します。このとき、エラー対処後に元の場所に復帰する目的でReturnステートメントを誤って使用すると、エラーが発生します。ReturnステートメントはGoSubステートメントとの組み合わせが基本となっており、ここでのOn Error GoToステートメントとの組み合わせではエラーとなってしまいます。エラーハンドリングで実行元に戻りたいときは、ResumeもしくはResume Nextステートメントを使用します。

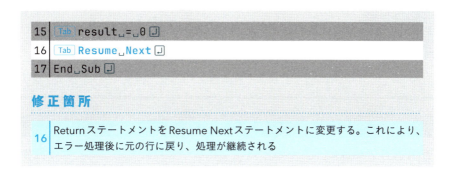

エラーハンドリングが適切に行われ、最終行まで処理が実行されました。

プロシージャの呼び出し、または引数が不正です。

エラーの意味

VBA固有の関数に、きちんと処理できない引数を指定したときに発生するエラーです。関数の仕様を確認し、適切な引数を指定し直すことで、エラーを解消することができます（関数…334ページ）。

■ 考えられる原因

1 VBA固有の関数に誤った引数を指定した
2 DIR関数を引数なしで呼び出した

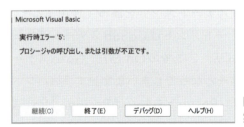

関数に誤った引数を指定すると、実行時エラーが発生します。

エラー例 ①

VBA固有の関数に誤った引数を指定した

```
1  Sub 後ろから10文字目までのテキストを抽出()
2   Dim text As String
3   Dim picup As String
4   text = "お世話になります。浦辺制作所の澤田です"
5   picup = Left(text, -10)
6   MsgBox picup
7  End Sub
```

1	Subプロシージャ「後ろから10文字目までのテキストを抽出」を開始する
2	String型の変数「text」を宣言する
3	String型の変数「picup」を宣言する
4	変数textに文字列を代入する
5	Left関数で変数textの後ろから10文字目までを取り出し、変数picupに代入する。Left関数の第2引数は「0以上の数値」しか受け取れないが、**誤ってマイナスの数値を指定した**ため、実行時エラー5が発生する
6	変数「picup」の内容をメッセージボックスで表示する
7	Subプロシージャ「後ろから10文字目までのテキストを抽出」を終了する

修正例①

Left関数の第2引数を0以上の数値にする

```
1  Sub 後ろから10文字目までのテキストを抽出()
2      Dim text As String
3      Dim picup As String
4      text = "お世話になります。浦辺制作所の澤田です"
5      picup = Left(text, Len(text) - 10)
6      MsgBox picup
7  End Sub
```

修正箇所

5	Left関数で変数「text」から文字列を抽出し、変数「picup」に代入する。Len関数で変数「text」の文字数を計算し、そこから10を引き算することで取り出す文字数を指定している

ここがポイント

■ 文字列を扱う関数はマイナスの数値に注意

Left関数は、第1引数に指定した文字列から、第2引数に指定した文字数までを取り出す関数です。第2引数に指定できる数値は0以上となっており、左ページの例のようにマイナスの数値を指定するとエラーが発

生します。一部のプログラミング言語のように、取り出し位置をマイナスに指定して、文字列の後ろから指定することはできません。

修正したマクロを実行すると、取り出した文字列がメッセージボックスに表示されます。

ここがポイント

■ コードが間違っていなくてもエラーになる

意図的にマイナスの数値を指定しない場合でも、計算ミスや他の関数との組み合わせで第2引数がマイナスになることがあります。

例えば、半角スペースで姓と名前を分割する処理を作る場合、次のコードのようにLeft関数で半角スペースからの位置を取得して、名字を取り出せます。しかし、4行目のように半角スペースが入力されていないと、変数「スペース位置」の値が0になるため、コードは間違っていないのにエラーが発生します（変数…319ページ）。

4行目でエラーが発生します。

エラー例②
半角のスペースが存在しない

```
1  Sub スペースで姓と名を分割()
2  [Tab] Dim i As Integer, スペース位置 As Integer
```

```
3   For i = 2 To Cells(Rows.Count, 1).End(xlUp).Row
4       スペース位置 = InStr(Cells(i, 1), " ")
5       Cells(i, 2) = Left(Cells(i, 1), スペース位置 - 1)
6       Cells(i, 3) = Mid(Cells(i, 1), スペース位置 + 1)
7   Next i
8 End Sub
```

1	Subプロシージャ「スペースで姓と名を分割」を開始する
2	Integer型の変数「i」と「スペース位置」を宣言する
3	変数「i」が2から表の末尾の行数(ここでは4)になるまで、以下の処理を繰り返す(For Nextステートメントの開始)
4	A列に入力されている文字列に対し、InStr関数でスペースが何文字目に存在するかを確認する。取り出した文字数の値を、変数「スペース位置」に代入する
5	A列に入力されている文字列に対し、Left関数で1文字目から「スペース位置-1」文字目までの文字を抽出する。抽出した文字列をB列に入力する
6	A列に入力されている文字列に対し、Mid関数で「スペース位置+1」文字目から末尾までの文字を抽出する。抽出した文字列をC列に入力する
7	次のループに移行する
8	Subプロシージャ「スペースで姓と名を分割」を終了する

対象となるデータが少ない場合は、コードを実行する前に正しい形式に修正するほうが効率的です。

上記のようなエラーを回避するには、条件分岐を使って、半角スペースがない場合の処理を作るのが一般的な修正方法となります。また、例外的なデータが少ないのであれば、手作業や置換機能で誤ったデータを修正することも検討しましょう(条件分岐…337ページ)。

引数によってエラーが発生する関数

VBAで最初から利用できる固有の関数の中には、適切な引数を指定しないとエラーが発生するものがあります。代表的なものが、下記の文字列を操作する関数と、日付を計算する関数です。エラーが表示されたらこれらの関数の引数を再確認し、適切な引数を設定し直しましょう。

関数	引数の条件
Left関数	第2引数「Length」に0以上の数値を指定する
Right関数	第2引数「Length」に0以上の数値を指定する
Mid関数	第2引数「Start」は1以上、第3引数「Length」は0以上
DateAdd関数	第1引数「Interval」は日付の単位を表す記号のみ指定可
DateDiff関数	第1引数「Interval」は日付の単位を表す記号のみ指定可

日付を表す記号の一覧

記号	意味
yyyy	年
q	四半期
m	月
y	年間通算日
d	日
w	週日
ww	週
h	時
n	分
s	秒

CODE 0006

オーバーフローしました。

エラーの意味

このエラーは、変数が格納できる範囲を超えた値を扱おうとした場合に発生します。特に、整数を扱うデータ型「Integer」は -32,768 〜 32,767 の整数にしか対応していないため、大きな数値を扱うコードでこのエラーが発生しがちです（変数...319ページ、データ型...324ページ）。

■ 考えられる原因

1. 変数代入時にデータ型の範囲を超える数値を指定した
2. 数値の計算結果で右辺側が Integer の範囲を超えた

データ型の範囲を超える数値を扱うと発生するエラーです。

エラー例①

データ型の範囲を超える数値を代入した

```
1  Sub 税込価格を計算する()
2      Dim price As Integer
3      Dim tax As Integer
4      price = 50000
5      tax = price * 0.1
6      MsgBox price + tax
```

7	End␣Sub ⏎

1	Subプロシージャ「税込価格を計算する」を開始する
2	**Integer型の変数「price」を宣言する**
3	Integer型の変数「tax」を宣言する
4	変数「price」に「5000」を代入する。Integer型の変数「price」は-32,768〜32,767の整数にしか対応できないため、実行時エラーが発生する
5	変数「price」と0.1を乗算し、その結果を変数「tax」に代入する
6	変数「price」と「tax」を合計し、メッセージボックスで表示する
7	Subプロシージャ「税込価格を計算する」を終了する

修正例①
変数priceのデータ型をLongにする

1	Sub␣税込価格を計算する() ⏎
2	[Tab] Dim␣price␣As␣Long ⏎
3	[Tab] Dim␣tax␣As␣Integer ⏎
4	[Tab] price␣=␣50000 ⏎
5	[Tab] tax␣=␣price␣*␣0.1 ⏎
6	[Tab] MsgBox␣price␣+␣tax ⏎
7	End␣Sub ⏎

修正箇所

2	Long型の変数「price」を宣言する
5	変数「price」に「5000」を代入する。Long型で宣言しているため、実行時エラーが発生しない

ここがポイント

■ 数値を扱うときは適切なデータ型を選ぶ

他のプログラミング言語でも、整数を扱うデータ型としては一般的に「Integer」型が使われていますが、VBAでは扱える数値の範囲が-32,768から32,767の間と狭く、すぐにエラーを引き起こします。代

わりにより広い範囲の値を扱える Long 型を使うようにしましょう。
ただし、Long 型でも上限は 21 億程度となっており、企業の売上等を扱う場合は不足します。より大きな金額を扱うときは、LongLong 型を使いましょう。なお、LongLong 型は 64 ビット版の Excel でしか使用できません。

修正したマクロを実行すると、メッセージボックスで計算結果が表示されます。

型名	データ型	値の範囲
Byte	バイト型	0〜255 の整数
Integer	整数型	-32,768〜32,767 の整数
Long	長整数型	-2,147,483,648〜2,147,483,647 の整数
LongLong	超長整数型	-9,223,372,036,854,775,808〜9,223,372,036,854,775,807 の整数

エラー例②
Integer 同士の計算が範囲外となる場合

```
1  Sub Integer同士で計算()
2    Dim 合計金額 As Long
3    Dim 単価 As Integer
4    単価 = Range("A1").Value
5    合計金額 = 単価 * 20
6    MsgBox "合計金額は " + Str(合計金額) + " 円です"
7  End Sub
```

1	Subプロシージャ「Integer同士で計算」を開始する
2	Long型の変数「合計金額」を宣言する
3	Integer型の変数「単価」を宣言する
4	A1セルに入力されている数値「5000」を変数「単価」に代入する
5	変数「単価」と「20」(個数)を乗算し、その結果を変数「合計金額」に代入する。このとき、Integer同士の計算結果が範囲外の数値となるため、実行時エラーが発生する
6	変数「合計金額」と文字列を結合し、メッセージボックスで表示する
7	Subプロシージャ「Integer同士で計算」を終了する

修正例②

変数priceのデータ型をLongにする

1	`Sub Integer同士で計算()`
2	`[Tab] Dim 合計金額 As Long`
3	`[Tab] Dim 単価 As Long`
4	`[Tab] 単価 = Range("A1").Value`
5	`[Tab] 合計金額 = 単価 * 20`
6	`[Tab] MsgBox "合計金額は " + Str(合計金額) + "円です"`
7	`End Sub`

修正箇所

3	Long型の変数「単価」を宣言する
5	変数「単価」と「20」(個数)を乗算し、その結果を変数「合計金額」に代入する。計算内容がLong型×Integer型の掛け算となり、計算結果も自動的にLong型へ変換されるため、計算結果が32,767を超えてもエラーにならない

ここがポイント

■ 計算対象の数値もLong型で宣言しておく

上記のコードも、Integerの範囲外の数値を扱うために発生しているエラーです。修正例①との違いは「合計金額」をあらかじめLong型として宣言している点です。それにもかかわらずエラーが発生しているた

め、原因が見つけづらくなっています。

Integer同士の数値で計算すると、Integer型の計算結果が算出されます。そのため、今回のようにLong型の変数に計算結果を代入する場合でも、計算結果がInteger型の範囲を超えていると、その時点でエラーとなります。これを避けるには、あらかじめどちらかの数値をLong型の変数に代入してから計算します。これで計算結果がLong型に自動変換されるため、エラーの発生を防ぐことができます。

修正したマクロを実行すると、メッセージボックスで計算結果が表示されます。

数値を直接記述した場合もエラーが生じる

プログラムに直接記述する数値や文字列のことを「リテラル」と呼びます。VBAでは、整数リテラル同士の計算を行う際、どちらもInteger型の範囲内であれば、計算結果もInteger型として処理されます。例えば、下図の「5000 * 20」のような計算結果はInteger型として扱われ、エラーが発生します。実際の業務でこのようなコードを書くことは少ないかもしれませんが、エラーの原因となるため、注意が必要です。

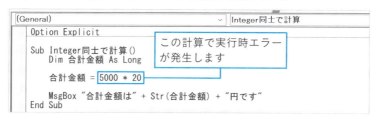

CODE 0009
インデックスが有効範囲にありません。

エラーの意味

配列やコレクションなどを扱う際に、無効なインデックスを参照するとこのエラーが発生します。単純なインデックス番号の指定ミスのほか、For文との組み合わせや名前の誤記など、様々な要因で起こりえるエラーです（コレクション…315ページ、配列…327ページ）。

■ 考えられる原因

1. 配列の範囲外のインデックスを参照した
2. コレクションの範囲外のインデックスを参照した
3. コレクションに誤ったシート名やファイル名を指定した

インデックスの指定方法を誤ると発生する実行時エラーです。

エラー例①
配列の範囲外のインデックスを参照した

```
1  Sub A列のデータをB列にコピーして重複を削除()
2      Dim ws As Worksheet
3      Dim rng As Range
4      Set ws = ThisWorkbook.Worksheets("Date")
5      Set rng = ws.Range("A1:A251")
```

6	`[Tab] rng.Copy␣Destination:=ws.Range("B1") ↵`
7	`[Tab] rng.RemoveDuplicates␣Columns:=1,␣Header:=xlYes ↵`
8	`[Tab] MsgBox␣"A列の重複を削除しました。" ↵`
9	`End␣Sub ↵`

1	Subプロシージャ「A列のデータをB列にコピーして重複を削除」を開始する
2	Worksheet型の変数「ws」を宣言する
3	Range型の変数「rng」を宣言する
4	変数「ws」にシート名が「Date」のワークシートオブジェクトを代入する。このとき、誤ったシート名を指定しているため、シートの読み込み時にエラーが発生している。本来は「Data」が正しいシート名
5	変数「ws」のシートからセル範囲「A1:A251」のRangeオブジェクトを、変数「rng」に代入する
6	変数「rng」のRangeオブジェクトを、セルB1に貼り付ける
7	変数「rng」のRangeオブジェクトから重複を除去する。先頭行はヘッダーとして扱う
8	メッセージボックスで指定した文字列を表示する
9	Subプロシージャ「A列のデータをB列にコピーして重複を削除」を終了する

修正例①

Worksheetsコレクションに正しいシート名を指定する

1	`Sub␣A列のデータをB列にコピーして重複を削除() ↵`
2	`[Tab] Dim␣ws␣As␣Worksheet ↵`
3	`[Tab] Dim␣rng␣As␣Range ↵`
4	`[Tab] Set␣ws␣=␣ThisWorkbook.Worksheets("Data") ↵`
5	`[Tab] Set␣rng␣=␣ws.Range("A1:A251") ↵`
6	`[Tab] rng.Copy␣Destination:=ws.Range("B1") ↵`
7	`[Tab] rng.RemoveDuplicates␣Columns:=1,␣Header:=xlYes ↵`
8	`[Tab] MsgBox␣"A列の重複を削除しました。" ↵`
9	`End␣Sub ↵`

修正箇所

| 4 | 変数「ws」にシート名が「Data」のワークシートオブジェクトを代入する。正しいシート名を指定したことで、エラーが発生することなく処理が続行される |

ここがポイント

■ **数値を扱うときは適切なデータ型を選ぼう**

WorkbooksコレクションやWorksheetsコレクションでは、文字列でファイル名やシート名を記述することで、取り出すブックやワークシートのオブジェクトを指定できます。このとき、存在しないファイル（パス）名やシート名を指定すると、本エラーが発生します。

特に、文字の全角・半角の違い、スペースの有無は見落としがちなので、このエラーが発生したときはしっかりと見直すようにしましょう（**オブジェクト…314ページ、データ型…324ページ**）。

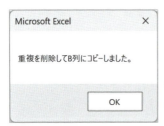

修正したマクロを実行すると、左図のメッセージが表示されます。

エラー例②

Array関数で作った配列に誤ったインデックスを指定した

```
1  Sub 配列内のファイルをすべて開く()
2    Dim arr As Variant
3    Dim filename as String
4    Dim i As Integer
5    arr = Array("C:\test\sample1.xlsx", _
6            "C:\test\sample2.xlsx", _
```

7	`Tab Tab Tab Tab "C:¥test¥sample3.xlsx")`
8	`Tab For_i_=_1_To_3`
9	`Tab Tab filename_=_arr(i)`
10	`Tab Tab Debug.Print_arr(i)`
11	`Tab Next_i`
12	`Tab Msgbox_"ファイルをすべて開きました"`
13	`End_Sub`

1	Subプロシージャ「配列内のファイルをすべて開く」を開始する
2	Variant型の変数「arr」を宣言する
3	String型の変数「filename」を宣言する
4	Integer型の変数「i」を宣言する
5	変数「arr」にArray関数で作成した配列を代入する。配列の要素には、ファイルの場所を記した文字列を指定する。配列のインデックスは0、1、2となる
6	配列の2つ目の要素を指定する
7	配列の3つ目の要素を指定する
8	変数「i」が1から3になるまで、以下の処理を繰り返す（For Nextステートメントの開始）。この**最終値の3がエラーの原因**となる
9	変数「filename」に、配列の要素（ファイルの場所を記した文字列）を代入する。**3回目の代入時に変数「arr」に指定するインデックスが3**となり、実行時エラーが発生する
10	変数「filename」の内容をイミディエイトウィンドウに出力します
11	次のループに移行する
12	メッセージボックスで指定した文字列を表示する
13	Subプロシージャ「配列内のファイルをすべて開く」を終了する

「C:¥test¥sample2.xlsx」と「C:¥test¥sample3.xlsx」は出力されていますが、「C:¥test¥sample1.xlsx」は出力されていません。

修正例②
初期値と最終値を関数で設定する

1	Sub␣配列内のファイルをすべて開く()
2	[Tab] Dim␣arr␣As␣Variant
3	[Tab] Dim␣filename␣as␣String
4	[Tab] Dim␣i␣As␣Integer
5	[Tab] arr␣=␣Array("C:¥test¥sample1.xlsx",␣_
6	[Tab][Tab][Tab][Tab] "C:¥test¥sample2.xlsx",␣_
7	[Tab][Tab][Tab][Tab] "C:¥test¥sample3.xlsx")
8	[Tab] For␣i␣=␣LBound(arr)␣To␣UBound(arr)
9	[Tab][Tab] filename␣=␣arr(i)
10	[Tab][Tab] Debug.Print␣arr(i)
11	[Tab] Next␣i
12	[Tab] Msgbox␣"ファイルをすべて開きました"
13	End␣Sub

修正箇所

行	説明
5	変数「i」が初期値から最終値になるまで、以下の処理を繰り返す（For Nextステートメントの開始）。LBound関数で変数「arr」から最小のインデックス（ここでは0）を取り出し、UBound関数で最大のインデックス（ここでは2）を取り出す
9	変数「filename」に、配列の要素（ファイルの場所を記した文字列）を代入する。配列変数arrに0、1、2のインデックスが渡されることで、エラーが発生することなく値を取り出すことができる

ここがポイント

■ カウンタ変数を関数で設定する

Array関数で作った配列は、インデックスが0から始まります。そのため、For～Nextステートメントで配列から値を取り出すときは注意が必要です。初期値を1、最終値を3にすると、インデックスが1つずつずれるため、最後の処理（i=3のとき）で有効範囲外のインデックスにアクセスすることになり、エラーが発生します。

配列内の要素をFor~Nextですべて取り出したいときは、配列から最小のインデックスを取り出すLBound関数、最大のインデックスを取り出すUBound関数を活用しましょう。これなら、配列の要素数が変わってもコードを修正する必要がありません（変数...319ページ、配列...327ページ、関数...334ページ）。

配列はインデックスを任意に指定できる

Array関数の場合はインデックスが必ず0からスタートしますが、別の作り方では、インデックスの開始位置を任意に設定できます。状況によってインデックスの最小値、最大値は変化するので、配列をFor~Nextステートメントで扱う場合はできるだけLBound・UBound関数を使うことをおすすめします。

エラー例③

Worksheetsコレクションのインデックスに0を指定した

```vb
1  Sub 集計処理を実行()
2      Dim wsSummary As Worksheet
3      Dim i As Integer
4      Dim today As String
5      Const 集計シート As Integer = 0
6      Set wsSummary = ThisWorkbook.Worksheets(集計シート)
7      MsgBox "シート" & wsSummary.Name & "の処理を開始します"
8      today = Format(Now(), "yyyy/mm/dd hh:mm:ss")
9      wsSummary.Range("A1").Value = "処理実行日時：" & today
10     MsgBox "集計シートの処理が完了しました。"
11 End Sub
```

1 Subプロシージャ「集計処理を実行修正」を開始する

2	Worksheet型のオブジェクト変数「wsSummary」を宣言する
3	Integer型の変数「i」を宣言する
4	String型の変数「today」を宣言する
5	**Integer型の定数「集計シート」を宣言し、0を設定する**
6	変数「wsSummary」のシートと文字列を結合し、メッセージボックスで表示する
7	変数「wsSummary」に、現在操作しているExcelブックから、定数「集計シート」番目のシートを取り出して代入する。**このとき、定数「集計シート」には0が設定されており、Worksheetsコレクションの範囲外の要素にアクセスすることになるため、実行時エラーが発生する**
8	Now関数で、現在の日時を表す数値を取り出し、フォーマット関数で日付・日時の形式を整える。この値を変数「today」に代入する
9	オブジェクト変数「wsSummary」に代入されているシートのA1セルに、文字列と変数「today」を結合した値を入力する
10	メッセージボックスで指定の文字列を表示する
11	Subプロシージャ「集計処理を実行修正」を終了する

修正例③

Worksheetsコレクションのインデックスに適切な数値を指定する

1	Sub␣集計処理を実行()⏎
2	[Tab] Dim␣wsSummary␣As␣Worksheet ⏎
3	[Tab] Dim␣i␣As␣Integer ⏎
4	[Tab] Dim␣today␣␣As␣String ⏎
5	[Tab] Const␣集計シート␣As␣Integer␣=␣1 ⏎
6	[Tab] Set␣wsSummary␣=␣ThisWorkbook.Worksheets(集計シート) ⏎
7	[Tab] MsgBox␣"シート␣"␣&␣wsSummary.Name␣&␣"␣の処理を開始します" ⏎
8	[Tab] today␣=␣Format(Now(),␣"yyyy/mm/dd␣hh:mm:ss") ⏎
9	[Tab] wsSummary.Range("A1").Value␣=␣"処理実行日時:␣"␣&␣today ⏎
10	[Tab] MsgBox␣"集計シートの処理が完了しました。" ⏎
11	End␣Sub ⏎

修正箇所

5 定数「集計シート」に1を設定する。これにより、Worksheetsコレクションの1番目の要素にアクセスできるため、実行時エラーを解消できる

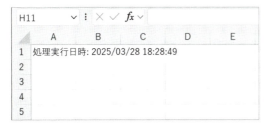

Excelファイルの1番目に位置する「集計シート」のA1セルに、操作した日時の文字列を入力することができました。

ここがポイント

■ インデックス番号を適切に設定する

RangeオブジェクトやWorksheets、Workbooksコレクションは、インデックスが1からスタートします。配列と同じ感覚でインデックスを0にしてデータを取り出そうとするとエラーになるので注意しましょう。また、WorksheetsやWorkbooksコレクションは、文字列もインデックスとして使用できます。シートの順番が変わっている場合に、インデックスをいつもと同じ数値で指定すると、誤った場所にデータが入力されてしまいます。これを確実に避けるには、ファイル名やシート名を文字列で指定して、コレクションから取り出す方法が有効です。

配列操作ならFor~Eachステートメントもおすすめ

エラー例②のように繰り返し処理を行うプログラムで、カウント変数が必要ないのであれば、配列内の要素を1つずつ取り出して操作するFor Eachステートメントを活用する方法もあります。RangeオブジェクトやWorksheets、Workbookコレクションでも使用することができます。

■ **For~EachでRangeオブジェクトを操作する**

1	Sub␣A1A5の値を出力()⏎
2	[Tab]Dim␣c␣As␣Range⏎
3	[Tab]For␣Each␣c␣In␣Range("A1:A5")⏎
4	[Tab][Tab]Debug.Print␣c.Value⏎
5	[Tab]Next⏎
6	End␣Sub⏎

1	Subプロシージャ「A1A5の値を出力」を開始する
2	Range型の変数「c」を宣言する
3	セル範囲A1:A5内のセルを1つずつ変数「c」に代入して、以下の処理を繰り返す(For Each Nextステートメントの開始)
4	変数「c」に入力されている値をイミディエイトウィンドウに出力する
5	次のループに移行する
6	Subプロシージャ「A1A5の値を出力」を終了する

CODE 0010
この配列は固定されているか、または一時的にロックされています。

エラーの意味

変数に代入した配列は特定の状況下でロックされ、変更・再定義できなくなります。ロックされたタイミングで変更を加えようとした際に、このエラーが発生します（変数…319ページ、配列…327ページ）。

■ 考えられる原因

1. For Eachステートメントで操作中の配列を再定義した
2. ロックされた状態の固定配列を他のプロシージャで再定義した
3. モジュールレベルの動的配列を2つのプロシージャで同時に操作した

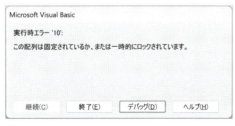

ロックされた配列を操作しようとすると、実行時エラーが発生します。

エラー例①

For Eachステートメントで操作中の配列を再定義した

```
1  Sub ステータスのチェック()
2      Dim taskStatus() As String
3      ReDim taskStatus(2)
4      taskStatus(0) = "進行中"
5      taskStatus(1) = "保留"
```

6	[Tab] taskStatus(2)␣=␣"完了" ⏎
7	[Tab] Dim␣status␣As␣Variant ⏎
8	[Tab] For␣Each␣status␣In␣taskStatus ⏎
9	[Tab][Tab] If␣status␣=␣"完了"␣Then ⏎
10	[Tab][Tab][Tab] ReDim␣taskStatus(2) ⏎
11	[Tab][Tab][Tab] MsgBox␣"配列を初期化しました" ⏎
12	[Tab][Tab][Tab] Exit␣For ⏎
13	[Tab][Tab] Else ⏎
14	[Tab][Tab][Tab] Debug.Print␣"現在のステータス:␣"␣&␣status ⏎
15	[Tab][Tab] End␣If ⏎
16	[Tab] Next␣status ⏎
17	End␣Sub ⏎

1	Subプロシージャ「ステータスのチェック」を開始する
2	String型の動的な配列変数「taskStatus」を宣言する
3	配列変数「taskStatus」を、要素が3つの配列として再定義する（インデックスは0～2）
4	配列変数「taskStatus」の0番目の要素に文字列を代入する
5	配列変数「taskStatus」の1番目の要素に文字列を代入する
6	配列変数「taskStatus」の2番目の要素に文字列を代入する
7	Variant型の変数「status」を宣言する
8	配列変数「taskStatus」の各要素を1つずつ変数「status」に代入して、以下の処理を繰り返す（For Each Nextステートメントの開始）
9	変数「status」の値が"完了"と一致する場合、以下の処理を行う（If Thenステートメントの開始）
10	配列変数「taskStatus」を、要素が3つの配列として再定義する（インデックスは0～2）。For Each Nextステートメントで操作中の配列を再定義しようとしたため、ここで実行時エラー10が発生する
11	メッセージボックスで指定した文字列を表示する
12	繰り返し処理を終了する
13	If Thenステートメントで指定した条件が満たされない場合は、以下の処理を行う
14	イミディエイトウィンドウに、文字列と変数「status」を結合した値を出力する
15	If Thenステートメントを終了する
16	次のループに移行する
17	Subプロシージャ「ステータスのチェック」を終了する

修正例①
For~Nextステートメントで配列を初期化する

```
1  Sub ステータスのチェック()
2      Dim taskStatus() As String
3      ReDim taskStatus(2)
4      taskStatus(0) = "進行中"
5      taskStatus(1) = "保留"
6      taskStatus(2) = "完了"
7      Dim i As Integer
8      For i = LBound(taskStatus) To UBound(taskStatus)
9          If taskStatus(i) = "完了" Then
10             ReDim taskStatus(2)
11             MsgBox "配列を初期化しました"
12             Exit For
13         Else
14             Debug.Print "現在のステータス: " & taskStatus(i)
15         End If
16     Next i
17 End Sub
```

修正箇所

7	Integer型の変数「i」を宣言する
8	変数「i」が初期値から最終値になるまで、以下の処理を繰り返す（For Nextステートメントの開始）。LBound関数で変数「taskStatus」から最小のインデックス（ここでは0）を取り出し、UBound関数で最大のインデックス（ここでは2）を取り出す
9	変数「taskStatus」の要素が"完了"と一致する場合、以下の処理を行う（If Thenステートメントの開始）
10	配列変数「taskStatus」を、要素が3つの配列として再定義する（インデックスは0～2）。For~Nextステートメントの場合はエラーが発生することなく、配列が初期化される
11	メッセージボックスで指定した文字列を表示する
12	繰り返し処理を終了する
13	If Thenステートメントで指定した条件が満たされない場合は、以下の処理を行う

14	イミディエイトウィンドウに、文字列と変数「taskStatus」の要素を結合した値を出力する
15	If Thenステートメントを終了する
16	次のループに移行する

ここがポイント

■ **For〜Nextステートメントならエラーが発生しない**

配列内の全データを処理・確認するときに便利なFor Eachステートメントですが、このループの処理中は配列がロックされます。この状態で配列をReDimステートメントで再定義するとエラーが発生します。ループ処理中に配列を初期化したいときは、For〜Nextステートメントを使いましょう。こちらの場合は、ループ処理中に配列を初期化してもエラーが発生することはありません（繰り返し処理…343ページ）。

修正したマクロを実行すると、メッセージボックスが表示されます。

ReDim Preserveでもエラーが発生する

動的配列の要素数を変更するReDim Preserveステートメントを使用する場合も、For Eachステートメントの使用中はエラーが発生します。ループ中に使用するには、上記の解説と同様にFor〜Nextステートメントを活用しましょう。

エラー例②
ロックされた固定配列を別のプロシージャで再定義した

```
1  Sub ステータスのチェック()
2      Dim taskStatus(2) As String
3      taskStatus(0) = "進行中"
4      taskStatus(1) = "保留"
5      taskStatus(2) = "完了"
6      Dim i As Integer
7      For i = LBound(taskStatus) To UBound(taskStatus)
8          If taskStatus(i) = "完了" Then
9              Call 完了時の処理(taskStatus)
10             MsgBox "配列を初期化しました"
11         Else
12             Debug.Print "現在のステータス: " & taskStatus(i)
13         End If
14     Next
15 End Sub
16 Sub 完了時の処理(ByRef taskStatus() As String)
17     ReDim taskStatus(2)
18 End Sub
```

1	Subプロシージャ「ステータスのチェック」を開始する
2	**String型の静的な配列変数「taskStatus」を宣言**する
3	配列変数「taskStatus」の0番目の要素に文字列を代入する
4	配列変数「taskStatus」の1番目の要素に文字列を代入する
5	配列変数「taskStatus」の2番目の要素に文字列を代入する
6	Integer型の変数「i」を宣言する
7	変数「i」が初期値から最終値になるまで、以下の処理を繰り返す（For Nextステートメントの開始）。LBound関数で変数「taskStatus」から最小のインデックス（ここでは0）を取り出し、UBound関数で最大のインデックス（ここでは2）を取り出す
8	変数「taskStatus」の要素が"完了"と一致する場合、以下の処理を行う（If Thenステートメントの開始）
9	サブプロシージャ「完了時の処理」を呼び出す。引数は変数「taskStatus」とする
10	メッセージボックスで指定した文字列を表示する

11	If Thenステートメントで指定した条件が満たされない場合は、以下の処理を行う
12	イミディエイトウィンドウに、文字列と変数「taskStatus」の要素を結合した値を出力する
13	If Thenステートメントを終了する
14	次のループに移行する
15	Subプロシージャ「完了時の処理」を開始する
16	サブプロシージャ「完了時の処理」を開始する
17	配列変数「taskStatus」を、要素が3つの配列として再定義する（インデックスは0～2）。このとき、静的な配列を再定義したため、実行時エラー10が発生する
18	サブプロシージャ「完了時の処理」を終了する

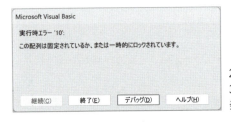

2つのファイルは開くことができるが、3つ目のファイルを開く際にエラーが発生します。

修正例②
初期値と最終値を関数で設定する

1	Sub ステータスのチェック()
2	[Tab] Dim taskStatus() As String
3	[Tab] ReDim taskStatus(2)
4	[Tab] taskStatus(0) = "進行中"
5	[Tab] taskStatus(1) = "保留"
6	[Tab] taskStatus(2) = "完了"
7	[Tab] Dim i As Integer
8	[Tab] For i = LBound(taskStatus) To UBound(taskStatus)
9	[Tab][Tab] If taskStatus(i) = "完了" Then
10	[Tab][Tab][Tab] Call 完了時の処理(taskStatus)
11	[Tab][Tab][Tab] MsgBox "配列を初期化しました"
12	[Tab][Tab] Else

```
13  [Tab][Tab][Tab] Debug.Print "現在のステータス： " & taskStatus(i) [↵]
14  [Tab][Tab] End If [↵]
15  [Tab] Next [↵]
16  End Sub [↵]
17  Sub 完了時の処理(ByRef taskStatus() As String) [↵]
18  [Tab] ReDim taskStatus(2) [↵]
19  End Sub [↵]
```

修正箇所

2	String型の動的な配列変数「taskStatus」を宣言する
3	配列変数「taskStatus」を、要素が3つの配列として再定義する（インデックスは0〜2）
18	配列変数「taskStatus」を、要素が3つの配列として再定義する（インデックスは0〜2）。動的配列として宣言しているため、実行時エラーが発生することはない

ここがポイント

■ 動的配列を活用する

配列には2つの種類があります。1つは、定義時にインデックスと要素数を決める静的配列です。静的配列の場合は、要素やインデックスを途中で変更できません。エラー例②では、静的配列として宣言しているため、ReDimステートメントでの再定義時にエラーが発生しています。このエラーを防ぐには、定義時にインデックスや要素数を決定しない動的配列として、変数を定義しましょう。動的配列では、要素数を変更したり再定義したりできます。

一方で、エラー例②の配列が同じプロシージャ内ならエラーにならないのかというと、そうではなく、コンパイルエラーが発生し、そもそも実行できません。この場合も、配列を動的配列として宣言することで問題を解消できます（関数…334ページ）。

エラー例③
モジュールレベルの配列を複数のプロシージャで操作した

```
1  Private arrModule() As Variant
2  Sub 配列を操作する()
3      arrModule = Array(100, 200, 300)
4      Dim arr(3) As Variant
5      Dim i As Integer
6      For i = 0 To 2
7          arr(i) = arrModule(i)
8          配列を初期化 arrModule(i)
9      Next
10     MsgBox "配列をコピーして初期化しました"
11 End Sub
12 Sub 配列を初期化(val As Variant)
13     If val = 300 Then
14         ReDim arrModule(10)
15     End If
16 End Sub
```

1	Variant型の動的配列変数「arrModule」を宣言する。この変数はプロシージャの外側に書かれているため、モジュールレベルの扱いとなる
2	Subプロシージャ「配列を操作する」を開始する
3	配列変数「arrModule」に、Array関数で作った配列を代入する
4	Variant型の固定配列変数「arr」を宣言する
5	Integer型の変数「i」を宣言する
6	0から2までの数値を変数「i」に代入して、以下の処理を繰り返す（For Nextステートメントの開始）
7	配列変数「arrModule」の要素を配列変数「arr」に代入する
8	サブプロシージャ「配列を初期化」を実行する。引数は配列変数「arrModule」の要素とする
9	次のループに移行する
10	指定した文字列をメッセージボックスで表示する
11	サブプロシージャ「配列を操作する」を終了する

12	サブプロシージャ「配列を初期化」を開始する。引数はVariant型の変数「val」とし、配列変数「taskStatus」の要素を受け取る
13	引数「val」と「300」を比較し、同じだった場合に以下の処理を実行する（If Thenステートメントの開始）
14	配列変数「arrModule」を初期化しようとすると、実行時エラー10が発生する
15	If Thenステートメントを終了する
16	サブプロシージャ「配列を初期化」を終了する

修正例③

Subプロシージャにカウンタ変数だけ渡す

1	`Private arrModule() As Variant`
2	`Sub 配列を操作する()`
3	`[Tab] arrModule = Array(100, 200, 300)`
4	`[Tab] Dim arr(3) As Variant`
5	`[Tab] Dim i As Integer`
6	`[Tab] For i = 0 To 2`
7	`[Tab][Tab] arr(i) = arrModule(i)`
8	`[Tab][Tab] 配列を初期化 i`
9	`[Tab] Next`
10	`[Tab] MsgBox "配列をコピーして初期化しました"`
11	`End Sub`
12	`Sub 配列を初期化(i As Integer)`
13	`[Tab] If arrModule(i) = 300 Then`
14	`[Tab][Tab] ReDim arrModule(10)`
15	`[Tab] End If`
16	`End Sub`

修正箇所

8	サブプロシージャ「配列を初期化」を実行する。引数には配列内の要素ではなく、カウンタ変数の「i」を指定する
12	Subプロシージャ「配列を初期化」を開始する。引数はInteger型の変数「i」とし、カウンタ変数「i」を受け取る

| 13 | 変数「arrModule」の要素と「300」を比較し、同じだった場合に以下の処理を実行する（If Thenステートメントの開始）。arrModuleはモジュールレベルの配列のため、プロシージャを呼び出す際の引数に指定しなくてもアクセスできる |

ここがポイント

■ モジュールレベルの変数は引数にしない

モジュールレベルの配列変数は、同じモジュール内のすべてのプロシージャからアクセスできます。この特性を忘れて、配列内の要素を引数に指定してプロシージャを呼び出すと、そのプロシージャの処理が終了するまで配列がロックされてしまいます。エラーが発生しないようにするには、配列内の要素ではなく、カウンタ変数（このコードでは変数i）をプロシージャの引数として指定し、プロシージャ内で配列の要素を取り出します。これでエラーが発生することなく、モジュールレベルの動的配列を再定義できます。

エラーが発生することなく、配列変数「arrModule」を再定義できました。

変数のスコープとは

スコープとは、宣言した変数がコード内のどの範囲から参照（アクセス）可能か、つまり「有効範囲」や「見える範囲」を定めたルールのことです。VBAの変数のスコープは、主に変数をどこで、そしてどのキーワード（Dim、Private、Public、Static）を使って宣言したかによって決まります。主なスコープは以下の通りです。

・プロシージャレベル（ローカルスコープ）
プロシージャ（SubやFunction）の中で宣言された変数は、そのプロシージャ内でのみ有効です。プロシージャの外からは参照できません。

・モジュールレベル
標準モジュール、クラスモジュール、ユーザーフォームモジュールなどの宣言セクション（モジュールの先頭、SubやFunctionの外）で、DimもしくはPrivateで宣言された変数です。そのモジュール内のすべてのプロシージャから参照できます。

・パブリック
宣言セクションで、Publicキーワードを使用して宣言された変数です。そのモジュール内だけでなく、プロジェクト内の他のすべてのモジュールからも参照できます。グローバル変数とも呼ばれます。変数の値は、ブック（アプリケーション）が開いている間は保持されます。

CODE 0011

0で除算しました。

エラーの意味

除算（割り算）をしたときに、割る数値が0のときに発生するエラーです。これはExcel特有のエラーではなく、「0で割り算はできない」という数学的な理由に由来します。

■ 考えられる原因

1. 割り算を計算した際に、割る数値が誤って0になっていた
2. セル範囲から取り込んだ数値が0になっており、それで割り算した

割り算の割る数が0だと、エラーが発生ます。

エラー例

除算で割る数値が0になっていた

```
1  Sub 前年比を計算する()
2    Dim 今年の売上 As Double
3    Dim 前年の売上 As Double
4    Dim 前年比 As Double
5    今年の売上 = Cells(2, 1).Value
6    前年の売上 = Cells(2, 2).Value
```

```
 7  [Tab] 前年比 = (今年の売上 / 前年の売上) * 100
 8  [Tab] Cells(2, 3).Value = 前年比
 9  [Tab] MsgBox "前年比は " + Str(前年比) + "% です"
10  End Sub
```

1	Sub プロシージャ「前年比を計算する」を開始する
2	Double 型の変数「今年の売上」を宣言する
3	Double 型の変数「前年の売上」を宣言する
4	Double 型の変数「前年比」を宣言する
5	セル B1 の値を取り出し、変数「今年の売上」に代入する
6	セル B2 の値を取り出し、変数「前年の売上」に代入する
7	変数「今年の売上」を変数「前年の売上」で割り算し、その結果に 100 を乗算し、変数「前年比」に代入する。このとき、**セル B2 の値が未入力になっていると、変数「前年の売上」が 0 として扱われる**ため、実行時エラー 11 が発生する
8	セル B3 に変数「前年比」の値を入力する
9	文字列と変数「前年比」の値を結合し、メッセージボックスで表示する
10	Sub プロシージャ「前年比を計算する」を終了する

修正例

割る数字が 0 の場合の処理を追加する

```
 1  Sub 前年比を計算する()
 2  [Tab] Dim 今年の売上 As Double
 3  [Tab] Dim 前年の売上 As Double
 4  [Tab] Dim 前年比 As Double
 5  [Tab] 今年の売上 = Cells(2, 1).Value
 6  [Tab] 前年の売上 = Cells(2, 2).Value
 7  [Tab] If 前年の売上 <> 0 Then
 8  [Tab] [Tab] 前年比 = (今年の売上 / 前年の売上) * 100
 9  [Tab] Else
10  [Tab] [Tab] 前年比 = 0
11  [Tab] End If
12  [Tab] Cells(2, 3).Value = 前年比
```

```
13  [Tab] MsgBox␣"前年比は␣"␣+␣Str(前年比)␣+␣"%␣です"  ↵
14  End␣Sub ↵
```

修正箇所

7	変数「前年の売上」の値が「0」と一致しない場合、以下の処理を行う（If Thenステートメントの開始）
8	変数「今年の売上」を変数「前年の売上」で割り算し、その結果に100を乗算し、変数「前年比」に代入する
9	If Thenステートメントの条件式が満たされない場合、以下の処理を行う
10	変数「前年比」に「0」を代入する
11	If Thenステートメントを終了する

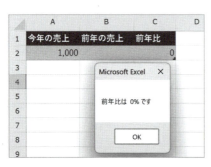

前年の売上が0の場合でも、エラーが発生することなく、仮に「0」と表示することができました。

Option Explicitで誤入力を予防する

「Option Explicit」を使用していない場合、VBAでは変数を宣言せずに使用できてしまいます。このとき、変数のスペルを誤入力すると、誤入力した変数が新たに作成され0として扱われてしまうことがあります。これが除算のエラーにつながることもあるので、新しくコードを作るときはモジュールの先頭に「Option Explicit」と記述しておくことをおすすめします。これなら誤入力はコンパイルエラーとなり、すぐにエラーの原因を突き止めることができます。

ここがポイント

■ If～Thenステートメントで0の場合の処理を追加する

割り算で意図的に0で割ることはなくても、セルの数値を参照した結果、0で除算する場合があります。

エラー例では、新店舗の立ち上げ等で前年の売上が存在しない状態となっています。このように割る数（除数）が0になる可能性がある場合は、If～Thenステートメントを使用して、除数が0の場合の処理を分岐させるとよいでしょう。

この「Ifステートメントで事前にチェックし、処理を分岐させる」という方法は、特にFor～Nextステートメントなどと組み合わせて、複数のデータ行に対して同じ計算を繰り返す場合に役立ちます。

例えば、一覧表にある各店舗の前年比を順番に計算していく際に、このチェックを入れておけば、特定の店舗（新店舗など）の前年売上が0であっても、エラーでマクロ全体が停止してしまうことを防げます。0除算の可能性がある行だけ代替処理（例：結果を「計算不能」とする、比率を0％とするなど）を行い、他の行の計算は問題なく続行するといったことが行える、実用的なテクニックです。

CODE 0013

型が一致しません。

エラーの意味

文字列や整数など特定のデータ型が期待される箇所に、異なるデータ型の値を入れると発生するエラーです（変数…319ページ、データ型…324ページ、関数…334ページ）。

■ 考えられる原因

1. 変数宣言時に指定したデータ型と異なる値を代入した
2. プロシージャを呼び出す際の引数に、定義と異なるデータ型の値を指定した
3. ワークシートから取り込んだデータが、変数宣言時に指定したデータ型と異なっていた
4. VBAの変換関数で、変換できない値をデータ型に指定した

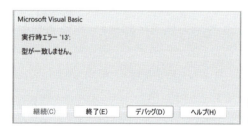

Double型の変数に文字列を代入すると、実行時エラーが発生します。

エラー例①

データ型と異なる値を代入した

```
1  Sub 消費税を計算する()
2      Dim 商品価格 As Double
```

```
 3  Tab Dim 消費税率 As Double ↵
 4  Tab Dim 消費税額 As Double ↵
 5  Tab Dim 税込価格 As Double ↵
 6  Tab 消費税率 = "10%" ↵
 7  Tab 商品価格 = Cells(2, 2).Value ↵
 8  Tab 消費税額 = 商品価格 * 消費税率 ↵
 9  Tab 税込価格 = 商品価格 + 消費税額 ↵
10  Tab Cells(2, 3).Value = 消費税額 ↵
11  Tab Cells(2, 4).Value = 税込価格 ↵
12  End Sub ↵
```

1	Subプロシージャ「消費税を計算する」を開始する
2	Double型の変数「商品価格」を宣言する
3	Double型の変数「消費税率」を宣言する
4	Double型の変数「消費税額」を宣言する
5	Double型の変数「税込価格」を宣言する
6	変数「消費税率」に10%を代入する。このとき、誤って文字列の"10%"を代入し、宣言時のデータ型と異なるため、実行時エラー13が発生する
7	セルB2の値を取り出し、変数「商品価格」に代入する
8	変数「商品価格」と「消費税率」を乗算し、変数「消費税額」に代入する
9	変数「商品価格」と「消費税額」を加算し、変数「税込価格」に代入する
10	セルC2に変数「消費税額」の値を入力する
11	セルD2に変数「税込価格」の値を入力する
12	Subプロシージャ「消費税を計算する」を終了する

修正例①

データ型に沿った値を入力する

```
1  Sub 消費税を計算する() ↵
2  Tab Dim 商品価格 As Double ↵
3  Tab Dim 消費税率 As Double ↵
4  Tab Dim 消費税額 As Double ↵
5  Tab Dim 税込価格 As Double ↵
```

```
 6  [Tab] 消費税率 = 0.1 ↵
 7  [Tab] 商品価格 = Cells(2, 2).Value ↵
 8  [Tab] 消費税額 = 商品価格 * 消費税率 ↵
 9  [Tab] 税込価格 = 商品価格 + 消費税額 ↵
10  [Tab] Cells(2, 3).Value = 消費税額 ↵
11  [Tab] Cells(2, 4).Value = 税込価格 ↵
12  End Sub ↵
```

修正箇所

6	変数「消費税率」に、「10%」を意味する0.1を代入する

	A	B	C	D
1	商品名	商品価格	消費税額	税込価格
2	商品A	1,580	15,800	17,380
3	商品B	980		
4	商品C	2,460		
5				
6				

エラーが発生することなく、消費税額と税込価格が計算されます。

ここがポイント

■ 数値型の変数に文字列を代入しない

Integer、Long、Single、Doubleといった数値を扱うデータ型で変数を宣言すると、文字列を代入したときにエラーが発生します。エラーが起こりがちな組み合わせなので注意しましょう。

なお、変数のデータ型と代入する値が異なる場合でも、必ずエラーになるとは限りません。例えば、文字列型の変数に数値を代入すると、自動的に文字列の値に変換されます。また数値型の変数に、数値として解釈できる文字列を代入した場合も、自動的に数値として変換されます。ただし、エラー例のように数値として解釈できない文字列を代入した場合は、数値には変換されず、エラーが発生します。

暗黙的な型変換に注意

IntegerやLongといった整数を扱うデータ型にも、小数を含む数値を代入できます。ただしこのときは小数部分は切り捨てられて整数として扱われます。エラーは表示されませんが、期待と異なる結果になるので注意しましょう。このように、プログラムが自動でデータ型を変更することを、暗黙的な型変換といいます。

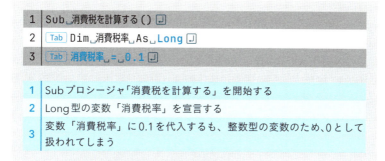

	1	Subプロシージャ「消費税を計算する」を開始する
	2	Long型の変数「消費税率」を宣言する
	3	変数「消費税率」に0.1を代入するも、整数型の変数のため、0として扱われてしまう

消費税率を0.1にしたにもかかわらず、消費税額が0になりました。エラーは発生していません。

エラー例②
プロシージャの引数に、定義と異なるデータ型を指定した

1	Sub 合計金額を計算()
2	[Tab] Dim 単価 As Long
3	[Tab] Dim 個数 As Long
4	[Tab] Dim 合計金額 As Long
5	[Tab] 単価 = 590
6	[Tab] 個数 = 10
7	[Tab] 合計金額 = 計算する(単価, 個数, "110%")
8	[Tab] Call シートに結果を出力する(合計金額)
9	End Sub
10	Function 計算する(単価 As Long, 個数 As Long, 消費税率 As Double) As Long
11	[Tab] 計算する = 単価 * 個数 * 消費税率
12	End Function
13	Sub シートに結果を出力する(合計金額 As Long)
14	[Tab] Dim 作業シート As Worksheet
15	[Tab] Set 作業シート = ThisWorkbook.Sheets("Sheet1")
16	[Tab] 作業シート.Range("A1").Value = 合計金額
17	End Sub

1	Subプロシージャ「合計金額を計算」を開始する
2	Long型の変数「単価」を宣言する
3	Long型の変数「個数」を宣言する
4	Long型の変数「合計金額」を宣言する
5	変数「単価」に「590」を代入する
6	変数「個数」に「10」を代入する
7	関数プロシージャ「計算する」を実行し、戻り値を変数「合計金額」に代入する。引数は変数「単価」、「個数」と、文字列の「"110%"」。3つ目の引数は本来Doubleのデータ型が期待されているため、実行時エラー13が発生する
8	関数プロシージャ「計算する」を開始する。引数は、Long型の変数「単価」と「個数」、Double型の変数「消費税率」とし、戻り値のデータ型はLongとする
9	Subプロシージャ「合計金額を計算」を終了する

10	関数プロシージャ「計算する」を開始する。引数は、Long型の「単価」と「個数」、Double型の「消費税率」の3つとする
11	変数「単価」と「個数」、「消費税率」を乗算し、「計算する」に代入。これが関数プロシージャの戻り値となる
12	Subプロシージャ「シートに結果を出力する」を開始する。引数はLong型の「合計金額」とする
13	サブプロシージャ「シートに結果を出力する」を開始する。引数はLong型の「合計金額」とする
14	Worksheet型のオブジェクト変数「作業シート」を宣言する
15	作業中のブックからシート名が「Sheet1」のWorksheetオブジェクトを取り出し、変数「作業シート」に代入する
16	変数「作業シート」のセル「A1」に、変数「合計金額」の値を入力する
17	サブプロシージャ「シートに結果を出力する」を終了する

関数プロシージャ「計算する」を呼び出したタイミングでエラーが発生します。

修正例②

正しいデータ型でSubプロシージャを呼び出す

1	Sub 合計金額を計算()
2	[Tab] Dim 単価 As Long
3	[Tab] Dim 個数 As Long
4	[Tab] Dim 合計金額 As Long
5	[Tab] Dim 消費税率 As Double
6	[Tab] 単価 = 590
7	[Tab] 個数 = 10
8	[Tab] 消費税率 = 1.1
9	[Tab] 合計金額 = 計算する(単価, 個数, 消費税率)

10	`Tab` `Call␣シートに結果を出力する(合計金額)␣⏎`
11	`End␣Sub␣⏎`
12	`Function␣計算する(単価␣As␣Long,␣個数␣As␣Long,␣消費税率␣As␣Double)␣As␣Long␣⏎`
13	`Tab` `計算する␣=␣単価␣*␣個数␣*␣消費税率␣⏎`
14	`End␣Function␣⏎`
15	`Sub␣シートに結果を出力する(合計金額␣As␣Long)␣⏎`
16	`Tab` `Dim␣作業シート␣As␣Worksheet␣⏎`
17	`Tab` `Set␣作業シート␣=␣ThisWorkbook.Sheets("Sheet1")␣⏎`
18	`Tab` `作業シート.Range("A1").Value␣=␣合計金額␣⏎`
19	`End␣Sub␣⏎`

修正箇所

5	Double型の変数「消費税率」を追加で宣言する
8	変数「消費税率」に110%を意味する「1.1」を代入する
9	関数プロシージャ「計算する」を実行し、戻り値を変数「合計金額」に代入する。引数は変数「単価」と「個数」、「消費税率」。プロシージャの定義と引数のデータ型が一致するため、エラーが発生することなく処理が実行される

	A	B	C
1	6490		
2			
3			
4			

エラーが発生することなく実行されると、セルA1に計算結果が出力されます。

ここがポイント

■ 引数のデータ型に注意する

プロシージャを呼び出す際、引数に誤ったデータ型の値を指定すると、エラーが発生します。このエラーを防ぐ最も単純な方法は、正しい値を指定し直すことですが、よりおすすめしたいのは一度変数に代入してから引数に指定する方法です。これにより、変数への代入時にエラーとして表示されるため、より確実にエラーを防ぐことが可能となります。

エラー例 ③
期待したデータ型と異なる値をセルから取り込んだ

```
1  Sub 価格データを配列に入れる()
2      Dim dataArray(1 To 5) As Long
3      Dim i As Integer
4      Dim cellValue As Variant
5      For i = 1 To 5
6          cellValue = Cells(i + 1, 2).Value
7          dataArray(i) = cellValue
8      Next i
9      MsgBox "すべて取り込みました"
10 End Sub
```

1	Subプロシージャ「価格データを配列に入れる」を開始する
2	Long型の静的な配列変数「dataArray」を宣言する。要素数は5つで、インデックス番号は1〜5とする
3	Integer型の変数「i」を宣言する
4	Variant型の変数「cellValue」を宣言する
5	変数「i」が1から5になるまで、以下の処理を繰り返す（For Nextステートメントの開始）
6	B列の2〜6行目の値を取り出し、変数「cellValue」に代入する。
7	配列変数「dataArray」の要素に、変数「cellValue」の値を代入する。このとき、**4行目の文字列を格納しようとしたタイミング**で実行時エラー13が発生する
8	次のループに移行する
9	メッセージボックスで指定した文字列を出力する
10	サブプロシージャ「価格データを配列に入れる」を終了する

	A	B	C
1	商品名	価格	
2	商品A	400	
3	商品B	500	
4	商品C	550	
5	商品D	未定	
6	商品E	380	
7			

B5セルにだけ文字列が入力されており、エラーの原因になっています。

修正例③

If～Thenステートメントで数値かどうかチェックする

```
1  Sub 価格データを配列に入れる()
2      Dim dataArray(1 To 5) As Long
3      Dim i As Integer
4      Dim cellValue As Variant
5      For i = 1 To 5
6          cellValue = Cells(i + 1, 2).Value
7          If IsNumeric(cellValue) Then
8              dataArray(i) = cellValue
9          Else
10             dataArray(i) = 0
11         End If
12     Next i
13     MsgBox "すべて取り込みました"
14 End Sub
```

修正箇所

7	変数「cellVlalue」が数値の場合は、以下の処理を実行する（If Thenステートメントの開始）。IsNumeric関数は、引数が数値のときにTrueを返す
8	配列変数「dataArray」の要素に、変数「cellValue」の値を代入する
9	変数「cellVlalue」が数値でない場合は、以下の処理を実行する
10	配列変数「dataArray」の要素に「0」を代入する
11	If Thenステートメントを終了する

ここがポイント

■ IsNumeric関数で数値か確認する

データを取り出すセル範囲内に、期待と異なるデータ型が含まれる可能性が高い場合は、If~Thenステートメントを使って対処しましょう。ここでは、引数が数値の場合にTrueとなるIsNumeric関数を使って数値かどうかをチェックし、数値でない場合は文字列の代わりに0を配列に格納するようにしました（配列...327ページ）。

エラーが発生することなく、配列変数「dataArray」にデータを格納できました。

数値として解釈できる文字列

IsNumeric関数は、引数が整数、浮動小数点数、日付、ブール値、または数値として解釈できる文字列の場合にTrueを返します。通貨記号（例："¥1,000"）や桁区切り文字（例："1,234"）を含む文字列も、数値として認識されTrueになります。
一方、空文字列("")やNull、数値として解釈できない文字列（例："abc"）はFalseを返します。

CODE 0020

エラーが発生していないときにResumeを実行することはできません。

エラーの意味

Resumeステートメントがエラーハンドリングブロック外、またはエラーが発生していない状態で使用された場合に発生するエラーです。Resumeステートメントは、エラーハンドラ内でのみ有効で、エラー発生後の処理をコントロールするために使われています。

■ 考えられる原因

1. エラーハンドラ以外の場所でResumeステートメントを記述した
2. エラーが発生していない状況でResumeステートメントを実行した

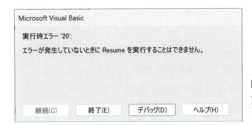

Resumeステートメントの記述の仕方を誤ると、実行時エラーが発生します。

エラー例①
エラーハンドラ以外の場所にResumeを記述した

```
1  Sub 入力された数値を判定()
2    Dim userInput As Double
3    Dim message As String
4    userInput = InputBox("数値を入力してください:")
5    GoSub NumberCheck
6    MsgBox message
```

```
 7  [Tab] Exit Sub
 8  NumberCheck:
 9  [Tab] If userInput > 0 Then
10  [Tab][Tab] message = " 入力された数値 " & userInput & " は正の数 "
11  [Tab] ElseIf userInput < 0 Then
12  [Tab][Tab] message = " 入力された数値 " & userInput & " は負の数 "
13  [Tab] Else
14  [Tab][Tab] message = " 入力された数値はゼロです "
15  [Tab] End If
16  [Tab] Resume
17  End Sub
```

1	Subプロシージャ「入力された数値を判定」を開始する
2	Double型の変数「userInput」を宣言する
3	String型の変数「message」を宣言する
4	InputBox関数でユーザーに入力を求め、入力された値を変数「userInput」に代入する
5	GoSubステートメントでNumberCheckサブルーチンへとジャンプする
6	変数「message」の値をメッセージボックスで出力する
7	Subプロシージャの処理を終了する
8	NumberCheckサブルーチンを開始する
9	変数「userInput」が0より大きい場合は、以下の処理を実行する（If Thenステートメントの開始）
10	変数「userInput」と文字列を結合し、変数「message」に代入する
11	変数「userInput」が0より小さい場合は、以下の処理を実行する（ElseIf句の開始）
12	変数「userInput」と文字列を結合し、変数「message」に代入する
13	If句、ElseIf句の条件がどちらも満たされない場合に、以下の処理を実行する（Else区の開始）
14	変数「message」に指定の文字列を代入する
15	If Thenステートメントを終了する
16	**GoSubステートメントに戻るためResumeを記述したものの、エラーハンドラ内ではない**ため実行時エラー20が発生する
17	Subプロシージャ「入力された数値を判定」を終了する

修正例①
ResumeをReturnステートメントに置き換える

1	`Sub␣入力された数値を判定()` ⏎
2	[Tab] `Dim␣userInput␣As␣Double` ⏎
3	[Tab] `Dim␣message␣As␣String` ⏎
4	[Tab] `userInput␣=␣InputBox("数値を入力してください：␣")` ⏎
5	[Tab] `GoSub␣NumberCheck` ⏎
6	[Tab] `MsgBox␣message` ⏎
7	[Tab] `Exit␣Sub` ⏎
8	`NumberCheck:` ⏎
9	[Tab] `If␣userInput␣>␣0␣Then` ⏎
10	[Tab][Tab] `message␣=␣"入力された数値"␣&␣userInput␣&␣"は正の数"` ⏎
11	[Tab] `ElseIf␣userInput␣<␣0␣Then` ⏎
12	[Tab][Tab] `message␣=␣"入力された数値"␣&␣userInput␣&␣"は負の数"` ⏎
13	[Tab] `Else` ⏎
14	[Tab][Tab] `message␣=␣"入力された数値はゼロです"` ⏎
15	[Tab] `End␣If` ⏎
16	[Tab] **`Return`** ⏎
17	`End␣Sub` ⏎

修正箇所

17	ResumeステートメントをReturnステートメントに置き換える

ここがポイント

■ エラーハンドリングはResumeで復帰する

On Error Gotoステートメントでのエラーハンドリングに慣れていると、GoSubステートメントでサブルーチンから戻るときにもResumeステートメントを使いがちです。同じようにラベルにジャンプする構文ではありますが、GoSubステートメントではReturnステートメントを組み合わせて使うため、Resumeステートメントではエラーが発生します。

修正したマクロを実行すると、エラーが発生することなく、処理がすべて実行されます。

エラー例②

エラーが発生していない状況でResumeを実行した

1	`Sub␣A2A11の数値で基準値を割る()`
2	`[Tab] Dim␣i␣As␣Integer`
3	`[Tab] Dim␣result␣As␣Double`
4	`[Tab] For␣i␣=␣2␣To␣11`
5	`[Tab][Tab] On␣Error␣GoTo␣ErrorHandler`
6	`[Tab][Tab] result␣=␣100␣/␣Cells(i,␣"A").Value`
7	`[Tab][Tab] Cells(i,␣"B").Value␣=␣result`
8	`[Tab][Tab] On␣Error␣GoTo␣0`
9	`[Tab] Next␣i`
10	`ErrorHandler:`
11	`[Tab] Debug.Print␣"エラーが発生しました。"␣&␣vbCrLf␣&␣_`
12	`[Tab][Tab] "セル:␣"␣&␣Cells(i,␣"A").Address␣&␣vbCrLf␣&␣_`
13	`[Tab][Tab] "エラー番号:␣"␣&␣Err.Number␣&␣vbCrLf␣&␣_`
14	`[Tab][Tab] "エラー内容:␣"␣&␣Err.Description`
15	`[Tab] result␣=␣0`
16	`[Tab] Resume␣Next`
17	`End␣Sub`

1	Subプロシージャ「A2A11の数値で基準値を割る」を開始する
2	Integer型の変数「i」を宣言する
3	Double型の変数「result」を宣言する
4	変数「i」が2から11になるまで、以下の処理を繰り返す（For Nextステートメントの開始）

5	エラーハンドラを設定する。エラーが発生すると、ErrorHandlerのラベルまでジャンプする
6	A列のセルから数値を取り出して100を除算し、その結果を変数「result」に代入する変数「result」の値をB列のセルに入力する
7	B列のi行目に変数「result」の値を入力する
8	エラーハンドリングを終了する
9	次のループに移行する
10	「ErrorHandler」ラベルの処理を開始する
11	エラーの内容をイミディエイトウィンドウに出力する
12	前行の処理を継続する（2行目）
13	前行の処理を継続する（3行目）
14	前行の処理を継続する（4行目）
15	変数「result」に「0」を代入する
16	エラーハンドラからジャンプ元のコードに戻る。**For～Nextステートメント終了後、「Exit Sub」がないためエラーハンドラまで実行される**ことになり、実行時エラー20が発生する
17	Subプロシージャ「A2A11の数値で基準値を割る」を終了する

For～Nextステートメント終了後、エラーが起こっていない状態でResumeステートメントが実行されるため、このエラーが発生します。

修正例②
Exit Subで通常処理の終了位置を明示する

```
1  Sub A2A11の数値で基準値を割る()
2      Dim i As Integer
3      Dim result As Double
4      For i = 2 To 11
5          On Error GoTo ErrorHandler ' エラーハンドリングを設定
6          result = 100 / Cells(i, "A").Value
7          Cells(i, "B").Value = result
8          On Error GoTo 0 ' エラーハンドリングをリセット
9      Next i
10     Exit Sub
11 ErrorHandler:
12     Debug.Print "エラーが発生しました。" & vbCrLf & _
13         "セル：" & Cells(i, "A").Address & vbCrLf & _
14         "エラー番号：" & Err.Number & vbCrLf & _
15         "エラー内容：" & Err.Description
16     result = 0
17     Resume Next
18 End Sub
```

修正箇所

10 Subプロシージャの通常の処理が終わる箇所で、Exit Subステートメントを記述する。これにより、For〜Nextステートメント終了後、プロシージャの処理が一通り完了する。

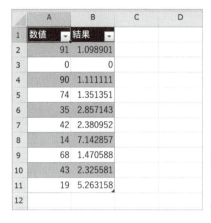

エラー処理も適切に行われたうえで、最後まで処理が実行されました。イミディエイトウィンドウには、エラーの内容が出力されています。

ここがポイント

■ Exit Subの記述漏れに注意

On Error GoToステートメントやGoSubステートメントのように、プロシージャ内のラベルにジャンプする機能を使うときは、ラベルの前に必ず「Exit Sub」と記述する必要があります。この記述がないとプログラムが処理の区切りを判別できず、「End Sub」まで実行します。エラー例②ではその結果、エラーが起こっていない状態で「Resume Next」が実行され、エラーの原因となっていました。エラーハンドリングをする際は、セットで「Exit Sub」を記述することを忘れないように注意しましょう。

CODE 0028

スタック領域が不足しています。

エラーの意味

プログラムの実行中に、プロシージャの呼び出し順序を記録する場所のことを「スタック領域」といいます。終了条件を誤って記述して無限ループや再帰処理が発生すると、大量のプロシージャを呼び出すこととなります。その結果、スタック領域がこれ以上記録できない状態になると、このエラーが発生します（繰り返し処理…343ページ）。

■ 考えられる原因

1. 再帰処理のミスでプロシージャが大量に呼び出された
2. 再帰処理中にVBAのスタック領域の上限を超えた

プロシージャの呼び出しが増えすぎたときに発生する実行時エラーです。

エラー例①

再帰処理のミスでプロシージャが大量に呼び出された

```
1  Sub ワークシート処理開始()
2      Call ワークシート再帰処理(1)
3      MsgBox "処理が完了しました"
4  End Sub
5  Sub ワークシート再帰処理(シート番号 As Integer)
```

6	[Tab] If␣シート番号␣<=␣ThisWorkbook.Sheets.Count␣Then ⏎
7	[Tab] [Tab] Debug.Print␣ThisWorkbook.Sheets(シート番号).Name ⏎
8	[Tab] [Tab] Call␣ワークシート再帰処理(シート番号) ⏎
9	[Tab] End␣If ⏎
10	End␣Sub ⏎

1	Subプロシージャ「ワークシート処理開始」を開始する
2	サブプロシージャ「ワークシート再帰処理」を実行する。引数は「1」とする
3	メッセージボックスで指定の文字列を表示する
4	Subプロシージャ「ワークシート処理開始」を終了する
5	サブプロシージャ「ワークシート再帰処理」を開始する。引数はInteger型の変数「シート番号」とする
6	変数「シート番号」がブックの総シート数と同じか小さい場合は、以下の処理を実行する（If Thenステートメントの開始）
7	ワークシートの名前をイミディエイトウィンドウに出力する
8	次のシートを処理するため、再度サブプロシージャ「ワークシート再帰処理」を実行する。このとき**引数が設定されていないため、同じ処理が延々と繰り返される**ことになり、限界を超えた段階で実行時エラー28が発生する
9	If Thenステートメントを終了する
10	サブプロシージャ「ワークシート再帰処理」を終了する

修正例①
再帰処理を行うプロシージャの引数を修正する

1	Sub␣ワークシート処理開始() ⏎
2	[Tab] Call␣ワークシート再帰処理(1) ⏎
3	[Tab] MsgBox␣"処理が完了しました" ⏎
4	End␣Sub ⏎
5	Sub␣ワークシート再帰処理(シート番号␣As␣Integer) ⏎
6	[Tab] If␣シート番号␣<=␣ThisWorkbook.Sheets.Count␣Then ⏎
7	[Tab] [Tab] Debug.Print␣ThisWorkbook.Sheets(シート番号).Name ⏎
8	[Tab] [Tab] Call␣ワークシート再帰処理(シート番号␣+␣1) ⏎
9	[Tab] End␣If ⏎
10	End␣Sub ⏎

修正箇所

8 サブプロシージャ「ワークシート再帰処理」を実行する際の引数を「シート番号 + 1」とする。これにより、シート番号がワークブックのシート数と等しくなるまで処理が繰り返されたのち、プログラムが終了する

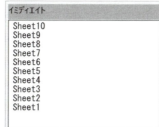

エラーが発生することなく、処理がすべて実行されます。
イミディエイトウィンドウには、シート名が出力されます。

ここがポイント

■ 再起処理の引数を見直す

実行時エラー28は、再帰処理との組み合わせで頻発するエラーです。エラー例①のように、引数や終了条件が不適切な状態でプロシージャを実行すると、同じプロシージャが延々と繰り返し実行されるため、処理の途中でエラーが発生します。このエラーが発生した場合は、再帰的にプロシージャを呼び出す際の引数が適切か、終了条件が正しく書かれているかを確認してみましょう。

エラー例②

再帰処理中にVBAのスタック領域の上限を超えた

```
1  Sub 足し算開始()
2    Dim 合計 As Long, 最大値 As Long
3    最大値 = 10000
4    合計 = 再帰的足し算(最大値)
5    MsgBox "1から" & 最大値 & "までの合計は" & 合計
6  End Sub
```

7	`Function 再帰的足し算 ( 数値 As Long) As Long ↵`
8	`[Tab] If 数値 = 1 Then ↵`
9	`[Tab] [Tab] 再帰的足し算 = 1 ↵`
10	`[Tab] Else ↵`
11	`[Tab] [Tab] 再帰的足し算 = 数値 + 再帰的足し算 ( 数値 - 1) ↵`
12	`[Tab] End If ↵`
13	`End Function ↵`

1	Subプロシージャ「足し算開始」を開始する
2	Long型の変数「合計」と「最大値」を宣言する
3	変数「最大値」に「10000」を代入する
4	関数プロシージャ「再帰的足し算」を実行する。引数は変数「最大値」とし、戻り値を変数「合計」に代入する
5	変数「最大値」と「合計」を文字列と結合し、メッセージボックスで表示する
6	Subプロシージャ「足し算開始」を終了する
7	関数プロシージャ「再起的足し算」を開始する。引数はLong型の「数値」で、戻り値はLong型とする
8	変数「数値」が1の場合は、以下の処理を実行する（If Thenステートメントの開始）
9	「再起的足し算」に1を代入する。この1がプロシージャの戻り値となる
10	If Thenステートメントの条件式が満たされない場合、以下の処理を実行する（Else句の開始）
11	変数「数値」と関数プロシージャ「再起的足し算」の戻り値を合計し、戻り値とする。関数プロシージャの引数は、変数「数値」-1とする。この場合は関数プロシージャを10,000回再帰的に呼び出すことになるため、処理途中で実行時エラー28が発生する。
12	If Thenステートメントを終了する
13	関数プロシージャ「再起的足し算」を終了する

修正例②
For～Nextステートメントにしてスタック領域を節約する

1	`Sub 足し算開始_ループ版 () ↵`
2	`[Tab] Dim 合計 As Long, 最大値 As Long ↵`
3	`[Tab] 最大値 = 10000 ↵`

```
 4  [Tab] 合計 = ループで足し算(最大値)
 5  [Tab] MsgBox "1から" & 最大値 & "までの合計は" & 合計
 6  End Sub
 7  Function ループで足し算(最大値 As Long) As Long
 8  [Tab] Dim 合計 As Long, i As Long
 9  [Tab] 合計 = 0
10  [Tab] For i = 1 To 最大値
11  [Tab][Tab] 合計 = 合計 + i
12  [Tab] Next i
13  [Tab] ループで足し算 = 合計
14  End Function
```

修正箇所

7	関数プロシージャ「再起的足し算」を開始する。引数はLong型の「数値」で、戻り値はLong型とする
8	Long型の変数「合計」と変数「i」を宣言する
9	変数「合計」に「0」を代入する
10	変数「i」が1から変数「最大値」になるまで、以下の処理を繰り返す（For Nextステートメントの開始）
11	変数「合計」と「i」を加算し、変数「合計」に代入する
12	次のループに移行する
13	変数「合計」を「ループで足し算」に代入し、関数プロシージャの戻り値とする
14	関数プロシージャ「再帰的足し算」を終了する

再帰処理を繰り返し処理に置き換える

　コードの内容が間違っていなくても、再帰処理では繰り返す回数が増えすぎるとエラーが起こり得ます。このような場合は、再帰処理自体を控え、For～Nextステートメントに置き換えるのもひとつの方法です。再帰処理が必須でない場合は、今回のように別の書き方に変更することも検討してみましょう。

CODE 0052

ファイル名または番号が不正です。

エラーの意味

このエラーは、テキストファイルやCSVファイルなどの入出力に使うOpenステートメントに関する実行時エラーです。ファイルを開く処理や読み取る処理を行うとき、適切なファイル名やファイル番号を指定していないときに発生します（**関数…334ページ**）。

■ 考えられる原因

1. Open関数の引数に、VBA上でファイル名やパス名として使用できない記号を使った
2. 使用していないファイル番号に対し、データを読み込み・書き込みした

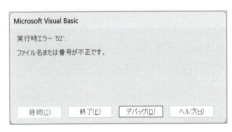

Openステートメントで定義していないファイル番号を指定すると、実行時エラー52が発生します。

エラー例①

ファイル名やパス名として使用できない記号を使った

```
1  Sub CSVファイルをセルにコピーする()
2    Dim buf As String
3    Dim n As Long
4    n = 0
```

5	`[Tab] Open ThisWorkbook.Path & "\test|.csv" For Input As #1`
6	`[Tab] Do Until EOF(1)`
7	`[Tab][Tab] Line Input #1, buf`
8	`[Tab][Tab] n = n + 1`
9	`[Tab][Tab] Cells(n, 1) = buf`
10	`[Tab] Loop`
11	`[Tab] Close #1`
12	`End Sub`

1	Subプロシージャ「CSVファイルをセルにコピーする」を開始する
2	String型の変数「buf」を宣言する
3	String型の変数「n」を宣言する
4	変数「n」に「0」を代入する
5	Openステートメントでファイルを開き、ファイル番号を1に設定する。ファイル名に使用禁止文字「|」が使われているため、ここで実行時エラー52が発生してしまう。
6	ファイル番号1のファイルの末尾に到達するまで、以下の処理を繰り返す（Do Untilステートメントの開始）
7	ファイル番号1のファイルを1行分読み取り、変数「buf」に代入する
8	変数「n」に1を加算し、変数「n」に代入する
9	変数「buf」の値を、A列のセルに入力する。書き込む行番号は、Cellsプロパティの第一引数に変数「n」を指定することで決定している
10	次のループに移行する
11	ファイル番号1のファイルを閉じる
12	Subプロシージャ「CSVファイルをセルにコピーする」を終了する

修正例①

適切なファイル名に修正する

1	`Sub CSVファイルをセルにコピーする()`
2	`[Tab] Dim buf As String`
3	`[Tab] Dim n As Long`
4	`[Tab] n = 0`
5	`[Tab] Open ThisWorkbook.Path & "\test.csv" For Input As #1`

```
 6  [Tab] Do␣Until␣EOF(1) ↵
 7  [Tab][Tab] Line␣Input␣#1,␣buf ↵
 8  [Tab][Tab] n␣=␣n␣+␣1 ↵
 9  [Tab][Tab] Cells(n,␣1)␣=␣buf ↵
10  [Tab] Loop ↵
11  [Tab] Close␣#1 ↵
12  End␣Sub ↵
```

修正箇所

5 ファイル名を修正することで、実行時エラーが解消される

ここがポイント

■ 使用禁止文字をチェックする

Openステートメントの引数に、ファイル名に使用できない文字を含む名前を指定すると、コード52のエラーが発生します。禁止文字は「?」「*」「<」「>」「|」といった通常、ファイル名には使用できない文字ばかりなので、コードの入力中に誤操作で紛れ込んだ可能性があります。これらの文字を削除すれば、エラーは解消できます。

エラー例②

未使用のファイル番号を指定した

```
1  Sub␣CSVファイルをセルにコピーする() ↵
2  [Tab] Dim␣buf␣As␣String ↵
3  [Tab] Dim␣n␣As␣Long ↵
4  [Tab] n␣=␣0 ↵
5  [Tab] Open␣␣"test.csv"␣For␣Input␣As␣#1 ↵
6  [Tab] Do␣Until␣EOF(2) ↵
7  [Tab][Tab] Line␣Input␣#2,␣buf ↵
8  [Tab][Tab] n␣=␣n␣+␣1 ↵
```

9	[Tab][Tab]Cells(n,␣1)␣=␣buf ⏎
10	[Tab]Loop ⏎
11	[Tab]Close␣#1 ⏎
12	End␣Sub ⏎

1	Subプロシージャ「CSVファイルをセルにコピーする」を開始する
2	String型の変数「buf」を宣言する
3	Long型の変数「n」を宣言する
4	変数「n」に「0」を代入する
5	Openステートメントでファイルを開き、ファイル番号を1に設定する
6	ファイル番号2のファイルの末尾に到達するまで、以下の処理を繰り返す（Do Untilステートメントの開始）。このとき、**誤ったファイル番号「2」を指定しているため実行時エラー52が発生する**
7	ファイル番号2のファイルを1行分読み取り、変数「buf」に代入する。この処理でも誤ったファイル番号「#2」を指定しているため、実行時エラーが発生する要因となる
8	変数「n」に1を加算し、変数「n」に代入する
9	変数「buf」の値を、A列のセルに入力する
10	次のループに移行する
11	ファイル番号1のファイルを閉じる
12	Subプロシージャ「CSVファイルをセルにコピーする」を終了する

修正例②

正しいファイル番号を指定する

1	Sub␣CSVファイルをセルにコピーする() ⏎
2	[Tab]Dim␣buf␣As␣String ⏎
3	[Tab]Dim␣n␣As␣Long ⏎
4	[Tab]n␣=␣0 ⏎
5	[Tab]Open␣"test.csv"␣For␣Input␣As␣#1 ⏎
6	[Tab]Do␣Until␣EOF(1) ⏎
7	[Tab][Tab]Line␣Input␣#1,␣buf ⏎
8	[Tab][Tab]n␣=␣n␣+␣1 ⏎
9	[Tab][Tab]Cells(n,␣1)␣=␣buf ⏎

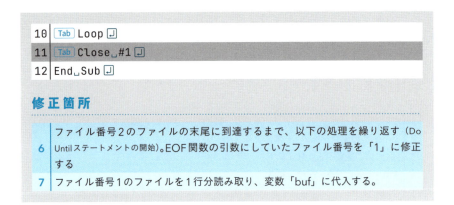

修正箇所

6	ファイル番号2のファイルの末尾に到達するまで、以下の処理を繰り返す（Do Untilステートメントの開始）。EOF関数の引数にしていたファイル番号を「1」に修正する
7	ファイル番号1のファイルを1行分読み取り、変数「buf」に代入する。

CSVファイルが読み込まれ、ワークシートに転記されます。

ここがポイント

■ ファイル番号が適切か見直す

テキストファイルやCSVファイルをVBAで読み込むときは、いったんOpenステートメントで対象ファイルのファイル番号を設定し、このファイル番号を介してEOF関数やLine Inputステートメントを使用します。このとき、誤ったファイル番号を引数に指定すると、実行時エラーが発生します。

特に複数のファイルを同時に操作するようなコードでは、Openステートメントでは設定前のファイル番号を、Closeステートメントでは操作を終了したファイル番号を誤って操作しないように注意しましょう。

ファイル番号は変数でも扱える

ファイル番号が数値だけだと見分けにくい場合は、ファイル番号を変数に代入しましょう。あとは数字の代わりに変数を指定すればOKです。これでファイルの混同を防ぐ手助けになります。

■ファイル番号を変数に代入する

```
1  [Tab] Dim FileNum As Integer ↵
2  [Tab] FileNum = 1 ↵
3  [Tab] Open "test.csv" For Input As #FileNum ↵
4  [Tab] Do Until EOF(FileNum) ↵
5  [Tab][Tab] Line Input #FileNum, buf ↵
```

1	Integer型の変数「FileNum」を宣言する
2	変数「FileNum」に「1」を代入する
3	変数「FileNum」をファイル番号として扱い、Openステートメントでファイルを開く
4	ファイル番号「FileNum」のファイルの末尾に到達するまで、以下の処理を繰り返す（Do Untilステートメントの開始）
5	ファイル番号「FileNum」のファイルを1行分読み取り、変数「buf」に代入する

ファイルが見つかりません。

エラーの意味

このエラーは、OpenステートメントやLoadPictureステートメントの引数で指定した場所に、ファイルが存在しないときに発生します。

■ 考えられる原因

1. Openステートメントで指定した場所にファイルが存在しなかった
2. LoadPictureステートメントで指定した画像が存在しなかった

読み込み対象のファイルが見つからないときに発生するエラーです。

エラー例①

Openで指定した場所にファイルが存在しなかった

```
1  Sub テキストファイルを読む()
2    Dim ファイルパス As String
3    Dim ファイル内容 As String
4    ファイルパス = ThisWorkbook.Path & "\text-er53.txt"
5    Open ファイルパス For Input As #1
6    Input #1, ファイル内容
7    Close #1
8    MsgBox "ファイル内容:" & ファイル内容
```

| 9 | End␣Sub ⏎ |

1	Subプロシージャ「テキストファイルを読み込む」を開始する
2	String型の変数「ファイルパス」を宣言する
3	String型の変数「ファイル内容」を宣言する
4	変数「ファイルパス」に読み込みたいファイルのパスを代入する。ここで指定したパスは、記述ミスのため実際には存在しない
5	変数「ファイルパス」のファイルをOpenステートメント（読み込みモード）で開く。ファイル番号は1に設定する。このとき、存在しないファイルを開こうとしたため、実行エラー53が発生する。
6	ファイル番号1のファイルを読み込み、変数「ファイル内容」に代入する
7	ファイル番号1のファイルをCloseステートメントで閉じる
8	変数「ファイル内容」と文字列を結合し、メッセージボックスで表示する
9	Subプロシージャ「テキストファイルを読み込む」を終了する

修正例①
ファイル名を正しく入力する

1	Sub␣テキストファイルを読む() ⏎
2	[Tab] Dim␣ファイルパス␣As␣String ⏎
3	[Tab] Dim␣ファイル内容␣As␣String ⏎
4	[Tab] ファイルパス␣=␣ThisWorkbook.Path␣&␣"¥text-err53.txt" ⏎
5	[Tab] Open␣ファイルパス␣For␣Input␣As␣#1 ⏎
6	[Tab] Input␣#1,␣ファイル内容 ⏎
7	[Tab] Close␣#1 ⏎
8	[Tab] MsgBox␣"ファイル内容：␣"␣&␣ファイル内容 ⏎
9	End␣Sub ⏎

修正箇所

| 4 | 変数「ファイルパス」に正確なパスを記述する |
| 5 | 変数「ファイルパス」のファイルをOpenステートメント（読み込みモード）で開く。ファイル番号は1に設定する。今回は実在するファイルのためエラーは発生しない |

ファイルの内容がメッセージボックスで
表示されます。

ここがポイント

■ 引数の場所が正しいか確認する

実行時エラー53が発生したときは、Openステートメントの引数に指定したファイル名やパスが正しいか確認しましょう。相対パスで指定している場合は、絶対パスで指定し直すことも可能です。なお、OpenステートメントではInputモードのときのみこのエラーが発生し、それ以外のモードでは指定した場所に新しいファイルを作成します。

エラー例②

LoadPictureで指定した画像が存在しなかった

1	`Private Sub CommandButton1_Click()`
2	`[Tab] Dim imagePath As String`
3	`[Tab] imagePath = "image.jpg"`
4	`[Tab] Me.Image1.Picture = LoadPicture(imagePath)`
5	`End Sub`

1	サブプロシージャ「CommandButton1_Click」を開始する。フォームを作り、[CommandButton1]をクリックすること実行する関数として定義している
2	String型の変数「ImagePath」を宣言する
3	変数「ImagePath」に、読み込みたい画像ファイルのパスを代入する。ここで指定したパスは、記述ミスのため実際には存在しない
4	LoadPicture関数で変数「ImagePath」の画像ファイルを読み込み、イメージコントロールに画像を表示させる。このとき、存在しない画像ファイルを読み込もうとしたため、実行エラー53が発生してしまう
5	サブプロシージャ「CommandButton1_Click」を終了する

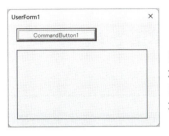

[CommandButton1] をクリックすると、指定した画像が読み込まれるプログラムを作ります。[CommandButton1] をクリックすると、指定した画像が見つからないため、実行時エラーが発生します。

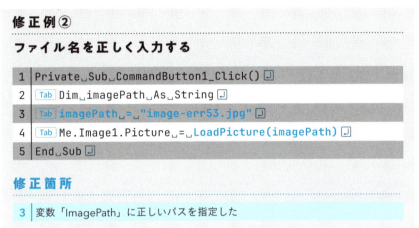

[CommandButton1] をクリックすると、フォームに画像が表示されます。

LoadPictureステートメントは、フォームのImageコントロールに画像を表示させたい時などに使用します。この場合も、ファイル名やパス名が誤っていると実行時エラー53が発生します。正しい場所を指定できているか、相対パスの位置関係は変化していないか確認しましょう。

CODE 0054

ファイル モードが不正です。

エラーの意味

このエラーは、Openステートメントでファイル操作を行う際に、不適切なモードを指定すると発生する実行時エラーです。

■ 考えられる原因

1 Openステートメントでファイルを読み込む際、誤ったモードを指定した

指定したファイルモードと矛盾した操作を行うと発生するエラーです。

エラー例

ファイルの読み込み時に誤ったモードを指定した

```
1  Sub テキストファイルにデータを書き込む()
2    Dim filePath As String
3    filePath = ThisWorkbook.Path + "\text-err54.txt"
4    Open filePath For Input As #1
5    Print #1, "ファイルに文字列を書き込む"
6    Close #1
7  End Sub
```

1 Subプロシージャ「テキストファイルにデータを書き込む」を開始する

2	String型の変数「filePath」を宣言する
3	変数「filePath」に、読み込みたいファイルのパスを代入する。ThisWorkbook.Pathと結合することで、ワークブックが保存されている場所と同じフォルダ内のファイルを意味するパスとなる
4	変数「filePath」のファイルをOpenステートメント（読み込みモード）で開く。ファイル番号は1に設定する
5	ファイル番号1のファイルに文字列を書き込む。このとき、**読み込みモードで開いたファイルに書き込みを試みている**ため、実行エラー54が発生する
6	ファイル番号1のファイルを閉じる
7	Subプロシージャ「テキストファイルにデータを書き込む」を終了する

修正例

OpenステートメントのモードをOutputに変更する

```
1  Sub テキストファイルにデータを書き込む()
2      Dim filePath As String
3      filePath = ThisWorkbook.Path + "\text-err54.txt"
4      Open filePath For Output As #1
5      Print #1, "ファイルに文字列を書き込む"
6      Close #1
7  End Sub
```

修正箇所

4	変数「filePath」のファイルをOpenステートメント（出力モード）で開く。ファイル番号は1に設定する
5	ファイル番号1のファイルに文字列を書き込む。今回は出力モードで開いているため、エラーが発生することなく処理が実行される

ここがポイント

■ 適切なモードを選択しよう

OpenステートメントでInputモードを指定した場合に書き込みをしたり、Outputモードを指定した場合に読み込みをしたりすると、実行時エラーが発生します。適切なモードに変更すれば、この問題は解決します。モードには以下の5つのパターンが用意されています。

■ 主なファイルモード

ステートメント	モード	処理
Input	入力モード	読み込み
Output	出力モード	書き込み
Append	追加モード	書き込み
Random	ランダムアクセスモード	読み込み/書き込み
Binary	バイナリモード	読み込み/書き込み

Input モード

CSVファイル、TSVファイル、設定ファイル、ログファイルなど、テキスト形式で保存されたデータを先頭から順番に読み込みたい場合に使うモードです。

Output モード

テキストファイルに先頭からの書き込みを行うためのモードです。指定したパスにファイルが存在しない場合は新しいファイルが作成され、ファイルが存在する場合は、既存の内容を全て破棄した上で書き込みを開始します。

Append モード

テキストファイルに書き込みを行うためのモードです。指定したパスにファイルが存在する場合は、既存の内容は保持され、書き込みはその末尾から開始されます。ファイルが存在しない場合は、新しいファイルが作成されます。

Binary モード

ファイルをバイト単位で読み書きするためのモードです。テキストファイルだけでなく、画像ファイルや実行ファイルなど、あらゆる種類のファイルを扱うことができます。

Random モード

固定長のレコード単位でファイルにアクセスするためのモードです。VBA内で簡易的なデータベースのような機能を実現したい場合に使用します。

CODE 0055

ファイルは既に開かれています。

エラーの意味

Openステートメントでは、開いたファイルをファイル番号という数字で扱います。プログラム実行中に複数のファイルを開いたとき、このファイル番号が重複すると実行時エラー55が発生します。また、開いたファイルを閉じる前に移動、削除、リネームといった操作を行った場合や、同じファイルをOpenステートメントで複数回開いた場合にも、このエラーが発生します（関数…334ページ）。

■ 考えられる原因

1. Openステートメントで指定したファイル番号が重複した
2. Openステートメントで開いたファイルを閉じる前に別の関数で操作した
2. Openステートメントで同じファイルを同時に開こうとした

ファイル番号の重複でこのエラーが発生します。

エラー例①

Openで指定したファイル番号が重複した

```
1  Sub ファイル内容をコピー()
```

194

2	`Tab Dim␣filePath1␣As␣String,␣filePath2␣As␣String ⏎`
3	`Tab Dim␣fileContent␣As␣String ⏎`
4	`Tab filePath1␣=␣ThisWorkbook.Path␣&␣"¥text-err55-1.csv" ⏎`
5	`Tab filePath2␣=␣ThisWorkbook.Path␣&␣"¥text-err55-2.csv" ⏎`
6	`Tab Open␣filePath1␣For␣Input␣As␣#1 ⏎`
7	`Tab Open␣filePath2␣For␣Output␣As␣#1 ⏎`
8	`Tab Do␣Until␣EOF(1) ⏎`
9	`Tab Tab Line␣Input␣#1,␣fileContent ⏎`
10	`Tab Tab Print␣#1,␣fileContent ⏎`
11	`Tab Loop ⏎`
12	`Tab Close␣#1 ⏎`
13	`End␣Sub ⏎`

1	Subプロシージャ「ファイル内容をコピー」を開始する
2	String型の変数「filePath1」と変数「filePath2」を宣言する
3	String型の変数「fileContent」を宣言する
4	変数「filePath1」に、読み込みたいファイルのパスを代入する。ThisWorkbook.Pathと結合することで、ワークブックが保存されている場所と同じフォルダ内のファイルを意味するパスとなる
5	変数「filePath2」に、読み込みたいファイルのパスを代入する
6	変数「filePath1」のファイルをOpenステートメント（読み込みモード）で開く。ファイル番号は1に設定する
7	変数「filePath2」のファイルをOpenステートメント（出力モード）で開く。**ファイル番号を1に設定したところ、上の行の命令と重複している**ため、実行時エラー55が発生する
8	ファイル番号1のファイルの末尾に到達するまで、以下の処理を繰り返す（Do Untilステートメントの開始）
9	ファイル番号1のファイルを1行分読み取り、変数「fileContent」に代入する
10	変数「fileContent」の値をファイル番号1のファイルに書き込む
11	次のループに移行する
12	ファイル番号1のファイルを閉じる
13	Subプロシージャ「ファイル内容をコピー」を終了する

修正例①
適切なファイル番号を指定する

1	Sub␣ファイル内容をコピー()⏎
2	[Tab] Dim␣filePath1␣As␣String,␣filePath2␣As␣String ⏎
3	[Tab] Dim␣fileContent␣As␣String ⏎
4	[Tab] filePath1␣=␣ThisWorkbook.Path␣+␣"¥text-err55-1.csv" ⏎
5	[Tab] filePath2␣=␣ThisWorkbook.Path␣+␣"¥text-err55-2.csv" ⏎
6	[Tab] Open␣filePath1␣For␣Input␣As␣#1 ⏎
7	[Tab] Open␣filePath2␣For␣Output␣As␣#2 ⏎
8	[Tab] Do␣Until␣EOF(1) ⏎
9	[Tab][Tab] Line␣Input␣#1,␣fileContent ⏎
10	[Tab][Tab] Print␣#2,␣fileContent ⏎
11	[Tab] Loop ⏎
12	[Tab] Close␣#1 ⏎
13	[Tab] Close␣#2 ⏎
14	End␣Sub ⏎

修正箇所

7	変数「filePath2」のファイルをOpenステートメント（出力モード）で開く。ファイル番号を上の行と重複しないように2に設定した
10	変数「fileContent」の値をファイル番号2のファイルに書き込む。7行目にあわせて書き込み処理の対象をファイル番号を2に変更している
13	ファイル番号2のファイルを閉じる。7行目にあわせて、ファイル番号2を閉じる処理を追加した

ここがポイント

■ **ファイル番号が重複するとエラーが発生する**

複数のファイルを同時にOpenステートメントで開くときは、ファイル番号が重複しないように気をつけましょう。ここでは番号に1と2を設定していますが、管理を自動化したい場合は、FreeFile関数を使って、VBAに空いているファイル番号を割り当てることができます。戻り値のファイル番号は変数に格納して扱います（変数…319ページ）。

エラー例②

Openで開いたファイルを閉じる前に操作しようとした

```vba
Sub コピーして元ファイルをバックアップする()
    Dim path_A As String, path_B As String
    Dim ブックB As Workbook
    Dim num As Long
    Dim textdata As String
    path_A = ThisWorkbook.path & "\コピー元.csv"
    path_B = ThisWorkbook.path & "\貼り付け先.xlsx"
    Set ブックB = Workbooks.Open(path_B)
    num = ブックB.Worksheets(1).Cells(Rows.Count, 1).End(xlUp).Row
    Open path_A For Input As #1
    Do Until EOF(1)
        Line Input #1, textdata
        num = num + 1
        ブックB.Worksheets(1).Cells(num, 1) = textdata
    Loop
    Name path_A As (path_A & ".backup")
    ブックB.Save
    ブックB.Close
End Sub
```

1	Subプロシージャ「コピーして元ファイルをバックアップする」を開始する
2	String型の変数「path_A」と「path_B」を宣言する
3	Workbook型の変数「ブックB」を宣言する
4	Long型の変数「num」を宣言する
5	String型の変数「textdata」を宣言する
6	読み込みたいCSVファイルのパスを変数「path_A」に代入する
7	書き込みたいExcelファイルのパスを変数「path_B」に代入する
8	変数「path_B」のExcelファイルを開き、オブジェクト変数「ブックB」に代入する
9	オブジェクト変数「ブックB」の1つ目のシートから、A列の最終行を取り出し、変数「num」に代入する
10	変数「path_A」のCSVファイルをOpenステートメントで開き（読み取りモード）、ファイル番号を1に設定する
11	ファイル番号1のファイルの末尾に到達するまで、以下の処理を繰り返す（Do Untilステートメントの開始）
12	ファイル番号1のファイルを1行分読み取り、変数「textdata」に代入する
13	変数「num」と1を加算し、変数「num」に代入する
14	オブジェクト変数「ブックB」のA列に、変数「textdata」の値を入力する
15	次のループに移行する
16	変数「path_A」のファイル名末尾に".backup"をつけるようリネームする。このとき、**変数「path_A」のファイルはまだ開いた状態**のため実行時エラー55が発生する
17	オブジェクト変数「ブックB」を保存する
18	オブジェクト変数「ブックB」を閉じる
19	Subプロシージャ「コピーして元ファイルをバックアップする」を終了する

ファイル番号1を閉じる前にNameステートメントでファイル名を変更しようとすると、実行時エラーが発生します。

修正例②
ファイル番号1を閉じてからNameステートメントでファイル名を変更する

1	`Sub コピーして元ファイルをバックアップする()`
2	`[Tab] Dim path_A As String, path_B As String`
3	`[Tab] Dim ブックB As Workbook`
4	`[Tab] Dim num As Long`
5	`[Tab] Dim textdata As String`
6	`[Tab] path_A = ThisWorkbook.path & "¥コピー元.csv"`
7	`[Tab] path_B = ThisWorkbook.path & "¥貼り付け先.xlsx"`
8	`[Tab] Set ブックB = Workbooks.Open(path_B)`
9	`[Tab] num = ブックB.Worksheets(1).Cells(Rows.Count, 1).End(xlUp).Row`
10	`[Tab] Open path_A For Input As #1`
11	`[Tab] Do Until EOF(1)`
12	`[Tab][Tab] Line Input #1, textdata`
13	`[Tab][Tab] num = num + 1`
14	`[Tab][Tab] ブックB.Worksheets(1).Cells(num, 1) = textdata`
15	`[Tab] Loop`
16	`[Tab] Close #1`
17	`[Tab] Name path_A As (path_A & ".backup")`
18	`[Tab] ブックB.Save`
19	`[Tab] ブックB.Close`
20	`End Sub`

修正箇所

16	Closeステートメントでファイル番号1のファイルを閉じる
17	変数「path_A」のファイル名末尾に".backup"をつけるようリネームする。変数「path_A」のファイルを閉じた状態のため、エラーが発生することなくリネームが実行される

ここがポイント

■ Closeステートメントでファイルを閉じておこう

Openステートメントで開いたファイルをNameステートメントでリネームする際は、操作する前にCloseステートメントで必ず閉じておくように注意しましょう。ファイルを開いたままにしておくと実行時エラーが発生します。

なお、ここではNameステートメントを例に挙げていますが、Kill（削除）などの操作もエラーの対象になります。実行時エラーが発生した場合は、Closeステートメントが記載されているか確認しておきましょう。

プログラムを実行すると、変数「paht_A」に代入していた「コピー元.csv」が「コピー元.csv.backup」に変更されます。エラー例②、修正例②のマクロを再実行する場合は「コピー元.csv」にエクスプローラー上でファイル名を戻してから実行してください。

CODE 0058

既に同名のファイルが存在しています。

エラーの意味

Nameステートメントでファイルやフォルダの名前を変更しようとしたとき、その名前のファイルやフォルダがすでに存在している場合に、このエラーが発生します。

■ 考えられる原因

1 Nameステートメントでファイル名の変更を指示したが、すでに同じファイルが存在していた

同じフォルダー内で、既存のファイルと同じ名前にリネームしようとすると発生するエラーです。

エラー例①

同じ名前がすでに存在していた

```
1  Sub RenameFiles()
2      Dim sourceFile As String
3      Dim targetFile As String
4      Dim i As Integer
5      Dim filePath As String
6      filePath = ThisWorkbook.Path + "\sample\"
7      For i = 2 To 11
```

```
 8      Tab Tab sourceFile␣=␣filePath␣&␣Cells(i,␣1).Value ↵
 9      Tab Tab targetFile␣=␣filePath␣&␣Cells(i,␣2).Value ↵
10      Tab Tab Name␣sourceFile␣As␣targetFile ↵
11      Tab Next␣i ↵
12      End␣Sub ↵
```

1	Subプロシージャ「RenameFiles」を開始する
2	String型の変数「sourceFile」を宣言する
3	String型の変数「targetFile」を宣言する
4	Integer型の変数「i」を宣言する
5	String型の変数「filePath」を宣言する
6	変数「filePath」にファイルが保存されているフォルダーのパスを代入する
7	変数「i」が2から11になるまで、以下の処理を繰り返す（For Nextステートメントの開始）
8	変数「sourceFile」にA列の値を代入する。これがリネーム元のファイル名となる
9	変数「targetFile」にB列の値を代入する。これがリネーム後のファイル名となる
10	Nameステートメントで変数「sourceFile」を変数「targetFile」にリネームする。**保存先のフォルダ内に重複するファイル名が存在する**ため、実行時エラー58が発生する
11	次のループに移行する
12	Subプロシージャ「RenameFiles」を終了する

このマクロを実行すると、「sample」フォルダー内のファイルがリネームされます。もう一度動作を確かめたいときは、「sample - コピー」フォルダーを複製し、名前を「sample」に変更してからマクロを実行してください。

修正例①-a
同じ名前のファイルが存在しているときの処理を追加する

```
 1  Sub␣RenameFiles() ↵
 2      Tab Dim␣sourceFile␣As␣String ↵
 3      Tab Dim␣targetFile␣As␣String ↵
 4      Tab Dim␣i␣As␣Integer ↵
```

```
 5  [Tab] Dim filePath As String
 6  [Tab] filePath = ThisWorkbook.Path + "\sample\"
 7  [Tab] For i = 2 To 11
 8  [Tab][Tab] sourceFile = filePath & Cells(i, 1).Value
 9  [Tab][Tab] targetFile = filePath & Cells(i, 2).Value
10  [Tab][Tab] If Dir(targetFile) = "" Then
11  [Tab][Tab][Tab] Name sourceFile As targetFile
12  [Tab][Tab] Else
13  [Tab][Tab][Tab] Cells(i, 3).Value = "同じ名前のファイルが存在します"
14  [Tab][Tab] End If
15  [Tab] Next i
16  End Sub
```

修正箇所

10	Dir関数で変数「targetFile」のファイルがカレントフォルダ内に存在するか確認し、存在しない場合は以下の処理を行う（If Thenステートメントの開始）
11	Nameステートメントで変数「sourceFile」を変数「targetFile」にリネームする。同名のファイルが存在しないときだけリネームされるため、エラーを回避できる
12	If Thenステートメントの条件式が満たされない（カレントフォルダ内に同一名のファイルが存在する）場合は、以下の処理を実行する（Else句の開始）
13	C列のセルに指定の文字列を入力する
14	If Thenステートメントを終了する

■ **Dir関数で同名ファイルの存在を確認する**

サンプルコードでは、Excelのシートからファイル名を読み込んでまとめてリネームしています。リネーム処理にNameステートメントを使用していますが、既存のファイル名とリネーム後のファイル名が重複すると、上書きしないようにエラーが発生して終了します。

ここでは、指定したパスのファイルやフォルダが存在するかを確認するDir関数とIF～Thenステートメントを組み合わせて、リネーム後のファイルが存在するかあらかじめ確認し、存在しない場合にだけリネームするように修正しています（関数…334ページ）。

エラーが発生することなくリネーム処理が完了しました。重複していた「sample-02.xlsx」はリネーム処理がスキップされています。

リネーム処理ができなかった場合は、ExcelファイルのC列にその理由が明記されるようにしました。

修正例①-b
エラーハンドリングを活用して失敗処理に対処する

```
1  Sub RenameFiles()
2    Dim sourceFile As String
3    Dim targetFile As String
4    Dim i As Integer
5    Dim filePath As String
6    filePath = ThisWorkbook.Path + "¥sample¥"
7    For i = 2 To 3
8      sourceFile = filePath & Cells(i, 1).Value
9      targetFile = filePath & Cells(i, 2).Value
10     On Error GoTo FileError
11     Name sourceFile As targetFile
12     On Error GoTo 0
13   Next i
14   Exit Sub
15 FileError:
16   Cells(i, 3) = Err.Description
17   Resume Next
18 End Sub
```

修正箇所

10 | エラーハンドリングを行う。実行時エラーが発生すると、ラベル「FileError」に移動する

11	Nameステートメントで変数「sourceFile」を変数「targetFile」にリネームする。途中で重複するファイル名が存在するため、実行時エラーが発生してしまう
12	エラーハンドリングを解除する
13	次のループに移行する
14	サブプロシージャのメインの処理をここで終了する
15	ラベル「FileError」を開始する。以下の行でエラー時の処理を行う
16	C列のセルにエラーの詳細情報を入力する
17	エラーの発生元に戻り、次の行から処理を再開する

ここがポイント

■ エラーハンドリングで対応する

修正例①-aではExcelファイルの「旧ファイル名」に指定したファイルが存在しない場合に対応できません。エラーの要因が複数考えられる場合は、エラーハンドリングを活用することでスマートに対処できます。そこで修正例①-bでは、Err.Descriptionでエラーメッセージを取り出し、ExcelファイルのC列に記入することで、何が原因でエラーが発生していたかを明確にしています。

If～Thenステートメントだけではエラーへの対応が難しいときは、この方法も試してみましょう。

異なる要因のエラーにも、エラーハンドリングであればシンプルな記述で対応できます。

CODE 62 ファイルにこれ以上データがありません。

エラーの意味

このエラーは、Openステートメントで読み込んだファイルを読み込む際、ファイルの終端に達しているにもかかわらずデータを読み取ろうとした場合に発生するエラーです（繰り返し処理...343ページ）。

■ 考えられる原因

1. ファイルの終端に達している状態で、さらにデータを読み取ろうとした

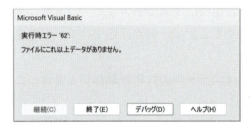

ファイルがこれ以上読み込めないときに発生するエラーです。

エラー例①
ループの終了条件が不適切でエラーが発生

```
1  Sub ファイル内容をコピー()
2    Dim filePath1 As String, filePath2 As String
3    Dim fileContent As String
4    Dim directory As String
5    directory = ThisWorkbook.Path & "\sample\"
6    filePath1 = directory & "text-err62-1.csv"
7    filePath2 = directory & "text-err62-2.csv"
```

```
 8    [Tab] Open␣filePath1␣For␣Input␣As␣#1 ⏎
 9    [Tab] Open␣filePath2␣For␣Output␣As␣#2 ⏎
10    [Tab] Do␣While␣True ⏎
11    [Tab] [Tab] Line␣Input␣#1,␣fileContent ⏎
12    [Tab] [Tab] Print␣#2,␣fileContent ⏎
13    [Tab] Loop ⏎
14    [Tab] Close␣#1 ⏎
15    [Tab] Close␣#2 ⏎
16    End␣Sub ⏎
```

1	Subプロシージャ「ファイル内容をコピー」を開始する
2	String型の変数「filePath1」と変数「filePath2」を宣言する
3	String型の変数「fileContent」を宣言する
4	String型の変数「directory」を宣言する
5	操作中のブックが保存されているパスと、フォルダー名「¥sample¥」を結合し、変数「directory」に代入する
6	読み込み対象となるCSVファイルのパスを変数「filePath1」に代入する
7	書き込み対象となるCSVファイルのパスを変数「filePath2」に代入する
8	変数「filePath1」のファイルをOpenステートメント（読み込みモード）で開く。ファイル番号は1に設定する
9	変数「filePath2」のファイルをOpenステートメント（出力モード）で開く。ファイル番号は2に設定する
10	以下の処理を中断の指示があるまで繰り返す（Do Loopステートメントの開始）。繰り返しの条件を「True」とし、**無限にループを繰り返すよう設定している**ことが、9行目のエラーの原因となっている
11	ファイル番号1のファイルを1行分読み取り、変数「fileContent」に代入する。**ファイルの読み込みが完了した状態で、さらにこの読み込む命令が実行されると**、実行時エラー62が発生する
12	変数「fileContent」の値をファイル番号2のファイルに書き込む
13	次のループに移行する
14	ファイル番号1のファイルを閉じる
15	ファイル番号2のファイルを閉じる
16	Subプロシージャ「ファイル内容をコピー」を終了する

修正例①
ループの終了条件を正しく記述する

1	Sub␣ファイル内容をコピー()␣↵
2	[Tab]␣Dim␣filePath1␣As␣String,␣filePath2␣As␣String␣↵
3	[Tab]␣Dim␣fileContent␣As␣String␣↵
4	[Tab]␣Dim␣directory␣As␣String␣↵
5	[Tab]␣directory␣=␣ThisWorkbook.Path␣&␣"¥sample¥"␣↵
6	[Tab]␣filePath1␣=␣directory␣&␣"text-err62-1.csv"␣↵
7	[Tab]␣filePath2␣=␣directory␣&␣"text-err62-2.csv"␣↵
8	[Tab]␣Open␣filePath1␣For␣Input␣As␣#1␣↵
9	[Tab]␣Open␣filePath2␣For␣Output␣As␣#2␣↵
10	[Tab]␣**Do␣Until␣EOF(1)**␣↵
11	[Tab]␣[Tab]␣**Line␣Input␣#1,␣fileContent**␣↵
12	[Tab]␣[Tab]␣Print␣#2,␣fileContent␣↵
13	[Tab]␣Loop␣↵
14	[Tab]␣Close␣#1␣↵
15	[Tab]␣Close␣#2␣↵
16	End␣Sub␣↵

修正箇所

10	Do Loopステートメントの終了条件を「Until EOF(1)」とする。これにより以下の処理をファイルの終端になるまで繰り返す（Do Loopステートメントの開始）
11	ファイル番号1のファイルを1行分読み取り、変数「fileContent」に代入する。ファイルの終端に達したあとは、この読み込み処理は行われず、ファイルを閉じる処理に移行する

ここがポイント

■ EOF関数を活用する

ファイルの読み取り処理で実行時エラー62が発生した場合、まず繰り返し処理の終了条件が正しく記述されているか確認しましょう。一般的な書き方は「Do Until EOF(ファイル番号)」で、これをそのまま覚えておくと便利です。

EOF関数は、指定したファイル番号の読み取り位置がファイルの終端に達している場合にTrueを返し、それ以外ではFalseを返します。つまり、Do Until～Loopステートメントは「特定の条件が満たされるまで処理を繰り返す」という意味です。今回の場合、EOF関数がFalseを返している間は処理を繰り返し、Trueを返した時点で終了します（関数…334ページ）。

修正版のコードを実行すると新しいファイルにデータが書き込まれます。

エラー例②

ファイルの読み取り位置を変更せず、再度ファイルを読み込んだ

```
1  Sub ファイル内容をコピー()
2    Dim filePath1 As String, filePath2 As String
3    Dim fileContent As String
4    Dim directory As String
5    directory = ThisWorkbook.Path & "\sample\"
6    filePath1 = directory & "text-err62-1.csv"
7    filePath2 = directory & "text-err62-2.csv"
8    Open filePath1 For Input As #1
9    Open filePath2 For Output As #2
10   Do Until EOF(1)
11     Line Input #1, fileContent
12     Print #2, fileContent
13   Loop
14   Line Input #1, fileContent
15   ThisWorkbook.Worksheets(1).Cells(1, 1) = fileContent
```

16	[Tab] Close␣#1 ⏎
17	[Tab] Close␣#2 ⏎
18	End␣Sub ⏎

1	Subプロシージャ「ファイル内容をコピー」を開始する
2	String型の変数「filePath1」と「filePath2」を宣言する
3	String型の変数「fileContent」を宣言する
4	String型の変数「directory」を宣言する
5	操作中のブックが保存されているパスと、フォルダー名「¥err62¥」を結合し、変数「directory」に代入する
6	読み込み対象となるCSVファイルのパスを変数「filePath1」に代入する
7	書き込み対象となるCSVファイルのパスを変数「filePath2」に代入する
8	変数「filePath1」のファイルをOpenステートメント（読み込みモード）で開く。ファイル番号は1に設定する
9	変数「filePath2」のファイルをOpenステートメント（出力モード）で開く。ファイル番号は2に設定する
10	以下の処理をファイルの終端になるまで繰り返す（Do Loopステートメントの開始）
11	ファイル番号1のファイルを1行分読み取り、変数「fileContent」に代入する
12	変数「fileContent」の値をファイル番号2のファイルに書き込む
13	次のループに移行する
14	ファイル番号1の読み取り処理終了後に、再度ファイルの読み取りを試みる。すでに**ファイルの読み取り位置がファイルの終端に移動している**ため、実行時エラー62が発生する
15	操作中のブックから1つ目のシートのセルA1に、変数「fileContent」の値を書き込む
16	ファイル番号1のファイルを閉じる
17	ファイル番号2のファイルを閉じる
18	Subプロシージャ「ファイル内容をコピー」を終了する

上のDo Until～Loopステートメントですでにファイルの終端まで読み取り位置が移動しているため、再度読み取り処理を実行するとエラーが発生します。

修正例②
ファイルの読み取り位置を冒頭に移動する

```
1  Sub ファイル内容をコピー()
2      Dim filePath1 As String, filePath2 As String
3      Dim fileContent As String
4      Dim directory As String
5      directory = ThisWorkbook.Path & "\sample\"
6      filePath1 = directory & "text-err62-1.csv"
7      filePath2 = directory & "text-err62-2.csv"
8      Open filePath1 For Input As #1
9      Open filePath2 For Output As #2
10     Do Until EOF(1)
11         Line Input #1, fileContent
12         Print #2, fileContent
13     Loop
14     Seek #1, 1
15     Line Input #1, fileContent
16     ThisWorkbook.Worksheets(1).Cells(1, 1) = fileContent
17     Close #1
18     Close #2
19 End Sub
```

修正箇所

14	Seek関数を使用し、ファイル番号1の読み取り位置をファイル冒頭（1バイト目）に移動する
15	Line Inputステートメントで、ファイル番号1の1行目を読み取り、変数「fileContent」に代入する。読み取り位置が変更されているため、エラーが発生することなく処理が実行される

ここがポイント

■ Seek関数で読み取り位置を調整しよう

繰り返し処理による読み取り処理が終わっても、ファイルの読み取り位置が自動で冒頭に戻ることはありません。そのためこの状態で同じファイルを再度読み込もうとするとエラーが発生します。同じファイルを再度読み込み直したいときは、Seek関数を使います。第一引数にファイル番号、第二引数に移動したい読み取り位置を指定します。読み取り位置を冒頭に戻したいときは「1」を指定します。

実行中のブックのA1セルに、CSVファイルから
読み取った見出し情報が挿入されます。

EOF関数とSeek関数の使い分け

EOF関数はファイルの終端に達したかを判定（True/False）し、主に繰り返し処理の終了条件として用います。
一方、Seek関数は次に読み書きが行われるバイト位置を返します。つまり、EOF関数が「終端か否か」という状態を示すのに対し、Seek関数は「現在の位置」を示します。また、Seek関数に引数を2つ与えると、次の読み書き位置を、指定したバイト位置に移動させることができます（Seekステートメント）。
ファイルを順に最後まで読む場合はEOF関数、特定の位置を確認したり移動したりする場合はSeek関数もしくはSeekステートメントと覚えておきましょう。

CODE 0067

ファイルが多すぎます。

エラーの意味

このエラーは、Excel VBAが対応できる上限を超えて、Openステートメントでファイルを同時に開いた場合に発生する実行時エラーです。開いたファイルをCloseステートメントで閉じずにそのままにしていると発生します。

■ 考えられる原因

1 Openステートメントで開いたファイルが、VBAの許可する上限を超えた

Openステートメントでファイルを同時に256個以上開くとこのエラーが発生します

エラー例

Openステートメントで開いたファイルが多すぎた

```
1  Sub テキストファイルをまとめて作成する()
2    Dim i As Integer
3    Dim fileNumber As Integer
4    Dim filePath As String
5    Dim directory As String
6    directory = ThisWorkbook.Path & "\sample\"
```

```
 7  [Tab] For i = 1 To 256 ↵
 8  [Tab][Tab] fileNumber = FreeFile ↵
 9  [Tab][Tab] filePath = directory & "file-" & i & ".txt" ↵
10  [Tab][Tab] Open filePath For Output As #fileNumber ↵
11  [Tab][Tab] Print #fileNumber, "File number " & i ↵
12  [Tab] Next i ↵
13  [Tab] MsgBox "すべてのファイルが作成されました。" ↵
14  End Sub ↵
```

1	Subプロシージャ「テキストファイルをまとめて作成する」を開始する
2	Integer型の変数「i」を宣言する
3	Integer型の変数「fileNumber」を宣言する
4	String型の変数「filePath」を宣言する
5	String型の変数「directory」を宣言する
6	操作中のブックが保存されているパスと、フォルダー名「¥sample¥」を結合し、変数「directory」に代入する
7	変数「i」が1から1000になるまで、以下の処理を繰り返す（For Nextステートメントの開始）
8	FreeFile関数で空いているファイル番号を取得し、変数「fileNumber」に代入する
9	書き込み対象となるCSVファイルのパスを変数「i」と組み合わせて作成し、変数「filePath」に代入する
10	Openステートメントでファイルを作成する。ファイル番号は変数「fileNumber」とする。この処理を繰り返すと、**開けるファイルの上限を超える**ため、途中で実行時エラー67が発生する
11	変数「fileNumber」のファイルに指定の文字列を書き込む
12	次のループに移行する
13	指定の文字列をメッセージボックスで表示する
14	Subプロシージャ「テキストファイルをまとめて作成する」を終了する

修正例

ファイルを閉じる処理を追加する

```
 1  Sub テキストファイルをまとめて作成する() ↵
```

```
 2  [Tab] Dim i As Integer
 3  [Tab] Dim fileNumber As Integer
 4  [Tab] Dim filePath As String
 5  [Tab] Dim directory As String
 6  [Tab] directory = ThisWorkbook.Path & "\sample\"
 7  [Tab] For i = 1 To 256
 8  [Tab][Tab] fileNumber = FreeFile
 9  [Tab][Tab] filePath = directory & "file-" & i & ".txt"
10  [Tab][Tab] Open filePath For Output As #fileNumber
11  [Tab][Tab] Print #fileNumber, "File number " & i
12  [Tab][Tab] Close #fileNumber
13  [Tab] Next i
14  [Tab] MsgBox "すべてのファイルが作成されました。"
15  End Sub
```

修正箇所

12 書き込みが完了したファイルをすぐに閉じる。これにより同時に開くファイルを1つにできるため、ループする回数をさらに増やしてもエラーは発生しない

ここがポイント

■ Closeステートメントでファイルを閉じる

実行時エラー67は今回のサンプルコードのように、Openステートメントを使って、大量のテキストファイルを操作する場合に発生する恐れがあります。VBAでは、Openステートメントで同時に255個以上のファイルを開くと、実行時エラーが発生します。注意点は、ファイルを開いたままにしないこと。処理が済んだらCloseステートメントでファイルをすぐ閉じるように記述しておけば、エラーを回避できます。

デバイスが準備されていません。

エラーの意味

このエラーは、ChDriveステートメントで存在しないドライブにアクセスした場合に発生するエラーです。

■ 考えられる原因

1. もともと存在しないドライブにアクセスした
2. 外付けのハードディスクやUSBメモリが取り外されている状態でアクセスした

指定したドライブが存在しない場合に、実行時エラー68が発生します。

エラー例

存在しないドライブにアクセスした

```
1  Sub ドライブを変更する()
2    Dim ドライブ名 As String
3    Dim メッセージ As String
4    メッセージ = "変更するドライブ名を入力してください"
5    ドライブ名 = InputBox(メッセージ)
6    ChDrive (ドライブ名)
7    MsgBox "現在のドライブを " & ドライブ名 & " に変更しました"
```

| 8 | End␣Sub ⏎ |

1	Subプロシージャ「ドライブを変更する」を開始する
2	String型の変数「ドライブ名」を宣言する
3	String型の変数「メッセージ」を宣言する
4	変数「メッセージ」に文字列を代入する
5	入力ボックスを表示し、ユーザーに移動先のドライブ名を入力してもらう。入力ボックスには、変数「メッセージ」の内容を表示する。入力された文字列は、変数「ドライブ名」に代入する
6	ChDrive関数で、引数に指定した変数「ドライブ名」にカレントドライブを設定する。**不適切なドライブ名が指定される**と、ここで実行時エラー68が発生する
7	変数「ドライブ名」と文字列を結合し、メッセージボックスで表示する
8	Subプロシージャ「ドライブを変更」を終了する

入力ボックスが表示されるので、ドライブ名(ドライブレター)を入力します。

修正例
ドライブ名を正しく入力する

1	Sub␣ドライブを変更する() ⏎
2	[Tab] Dim␣ドライブ名␣As␣String ⏎
3	[Tab] Dim␣メッセージ␣As␣String ⏎
4	`InputPrompt:` ⏎
5	[Tab] メッセージ␣=␣"変更するドライブ名を入力してください" ⏎
6	[Tab] ドライブ名␣=␣InputBox(メッセージ) ⏎
7	[Tab] `On␣Error␣GoTo␣ErrorHandler` ⏎
8	[Tab] ChDrive␣(ドライブ名) ⏎
9	[Tab] `On␣Error␣GoTo␣0` ⏎

10	[Tab] MsgBox␣"現在のドライブを␣"␣&␣ドライブ名␣&␣"␣に変更しました" ⏎
11	[Tab] Exit␣Sub ⏎
12	ErrorHandler: ⏎
13	[Tab] MsgBox␣ドライブ名␣&␣"␣は有効なドライブ名ではありません" ⏎
14	[Tab] Resume␣InputPrompt ⏎
15	End␣Sub ⏎

修正箇所

4	ラベル「InputPrompt」を設定する
7	エラーハンドリングを開始する。以降の処理でエラーが発生した場合、ラベル「ErrorHandler」までジャンプする
8	ChDrive関数で、引数に指定した変数「ドライブ名」にカレントドライブを設定する。不適切なドライブ名が指定されると、ここで実行時エラー68が発生し、ラベル「ErrorHandler」までジャンプする
9	エラーハンドリングを解除する
10	変数「ドライブ名」と文字列を結合し、メッセージボックスで表示する
11	Subプロシージャの処理を終了する
12	ラベル「ErrorHandler」を設定する
13	変数「ドライブ名」と文字列を結合し、メッセージボックスで表示する
14	ラベル「InputPrompt」にジャンプして処理を再開する。有効なドライブ名が指定されるまで、この処理が繰り返される

誤ったドライブ名を指定すると左のメッセージが表示され、再度ドライブ名の指定を求められます。有効なドライブ名を指定すると、カレントドライブを変更し、右側のメッセージが表示されます。

ここがポイント

■ エラーハンドリングで再入力を促す

実行時エラー68が表示された場合は、正しいドライブ名を指定しているか、指定したドライブに対応するメディアが正しく接続されているかを確認するのが、もっともシンプルな対応方法です。ここでは、誤ったドライブ名を指定した際に処理が終了しないように、エラーハンドリングを使って対応する方法を紹介しています。

カレントドライブとカレントディレクトリとは

カレントドライブとは、現在操作の対象となっているドライブを指し、カレントディレクトリはそのドライブ上で操作の対象となっているフォルダーを指します。カレントディレクトリ内のファイルは、ファイル名を記述するだけで操作できるので、複数のファイルをまとめて扱うときに便利です。
例えば、Cドライブのtestフォルダー内にあるsample.csvファイルを開く場合では次のように記述する必要があります。

```
1  Open "C:\test\sample.csv" For Input As #1
```

一方、カレントディレクトリがCドライブのtestフォルダーに設定されている場合、同じフォルダー内にあるsample.csvファイルは次のようにファイル名だけで開くことができます。

```
1  ChDir "C:\test"
2  Open "sample.csv" For Input As #1
```

■ カレントドライブとカレントディレクトリの関係

VBAで別のドライブのファイルを扱う場合は注意が必要です。VBAでは、Cドライブ、Gドライブなどの各ドライブはそれぞれ独自のカレントディレクトリを持ち、互いに影響し合いません。例えば、ChDriveステートメントでカレントドライブをGに変更すると、Gドライブで最後に使用したカレントディレクトリが自動で有効になります。

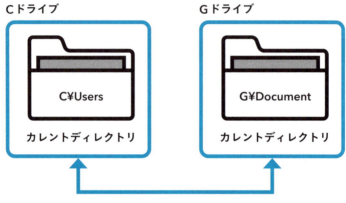

ドライブごとにカレントフォルダーを管理

また、ChDirステートメントでカレントディレクトリを変更すると、現在のカレントドライブ上でのみコードが適用されます。カレントドライブがGの状態で、カレントディレクトリを「C:/test」に設定しても、カレントドライブをCに移すまでは反映されないので注意しましょう。

■ カレントディレクトリ・ドライブをGドライブに設定

```
1  Sub カレントディレクトリをGドライブに変更()
2      ChDir "G:\マイドライブ\テンプレート"
3      Debug.Print CurDir
4      ChDrive "G"
5      Debug.Print CurDir
6  End Sub
```

1	Subプロシージャ「カレントディレクトリをGドライブに変更」を開始する
2	ChDirコマンドで、カレントディレクトリをGドライブのフォルダーに設定する。Cドライブのカレントディレクトリには変更はない
3	イミディエイトウィンドウにカレントディレクトリを出力する。この命令ではCドライブのカレントディレクトリが表示される
4	ChDriveコマンドでカレントドライブをGドライブに変更する
5	イミディエイトウィンドウにカレントディレクトリを出力する。こちらの命令ではGドライブのカレントディレクトリが表示される
6	Subプロシージャ「カレントディレクトリをGドライブに変更」を終了する

■ **実行結果:カレントディレクトリがGドライブ内のフォルダーに変更される**

```
1  C:\Users\tsawa\OneDrive\ドキュメント
2  G:\マイドライブ\テンプレート
```

これらのコードで実行時エラーが発生することはありませんが、想定と異なる結果となります。カレントディレクトリの変更でエラーが発生しないのに、以降の処理がうまくいかない場合は、カレントドライブも一緒に変更しているか、確認してみましょう。

なお、このコードではGドライブにカレントドライブを変更していますが、Gドライブが存在しない環境で実行すると実行時エラーが発生します。

CODE 70

書き込みできません。

エラーの意味

このエラーは、読み込みのみ可能な状態のファイルを、Openステートメントの INPUT モードや APPEND モードで開いた場合に発生するエラーです。また、現在開いているブック（Excel ファイル）をコピーしたり削除したりしようとする場合にも発生します（関数…334ページ）。

■ 考えられる原因

1. 現在開いているブックを FileCopy 関数や Kill 関数で操作した
2. 読み込みのみ可能なファイルを INPUT/APPEND モードで開いた

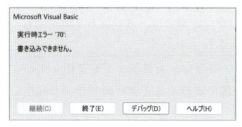

読み込みのみ可能な状態のファイルに書き込みなどの操作を行うと発生するエラーです。

エラー例①

現在開いているブックを FileCopy 関数や Kill 関数で操作した

```
1  Sub コピーして元ファイルをバックアップ()
2    path_A = ThisWorkbook.path & "\sample\コピー元.xlsx"
3    path_B = ThisWorkbook.path & "\sample\貼り付け先.xlsx"
4    Set ブックA = Workbooks.Open(path_A)
5    Set ブックB = Workbooks.Open(path_B)
6    Set コピー範囲 = ブックA.Worksheets(1).Range("A2:F501")
```

7	`Tab` num␣=␣ブックB.Worksheets(1).Cells(Rows.Count,␣1).End(xlUp).Row␣+␣1 ⏎
8	`Tab` コピー範囲.Copy␣Destination:=ブックB.Sheets(1).Cells(num,␣1) ⏎
9	`Tab` **FileCopy␣path_A,␣(path_A␣&␣".backup")** ⏎
10	`Tab` Kill␣path_A ⏎
11	`Tab` ブックB.Save ⏎
12	`Tab` ブックB.Close ⏎
13	End␣Sub ⏎

1	Subプロシージャ「コピーして元ファイルをバックアップ」を開始する
2	変数「path_A」に読み込みたいファイルのパスを代入する
3	変数「path_B」に書き込みたいファイルのパスを代入する
4	オブジェクト変数「ブックA」に、変数「path_A」のExcelファイルを開いてワークブックオブジェクトを代入する
5	オブジェクト変数「ブックB」に、変数「path_B」のExcelファイルを開いてワークブックオブジェクトを代入する
6	変数「コピー範囲」に、オブジェクト変数「ブックA」のセルA2からF501をRangeオブジェクトとして代入する。
7	オブジェクト変数「ブックB」の1つ目のシートを対象とし、最終行の1つ下にある行番号を求めて、変数「num」に代入する。
8	変数「コピー範囲」のデータを貼り付け先.xlsxにコピーする。貼り付ける位置は、最終行の次の行に設定する。
9	FileCopy関数で変数「path_A」をコピーする。コピーしたファイルの名前は、変数「path_A」の末尾に「.backup」を結合した文字列とする。このとき、**変数「path_A」のファイルを開いた状態でFileCopy関数を実行したため、実行時エラー70が発生する**
10	Kill関数で変数「path_A」のファイルを削除する
11	オブジェクト変数「ブックB」として開いているファイルを保存する
12	オブジェクト変数「ブックB」として開いているファイルを閉じる
13	Subプロシージャ「コピーして元ファイルをバックアップ」を終了する

修正例①
開いているブックを閉じてから操作する

1	`Sub コピーして元ファイルをバックアップ()`
2	`[Tab] path_A = ThisWorkbook.path & "¥sample¥コピー元.xlsx"`
3	`[Tab] path_B = ThisWorkbook.path & "¥sample¥貼り付け先.xlsx"`
4	`[Tab] Set ブックA = Workbooks.Open(path_A)`
5	`[Tab] Set ブックB = Workbooks.Open(path_B)`
6	`[Tab] Set コピー範囲 = ブックA.Worksheets(1).Range("A2:F501")`
7	`[Tab] num = ブックB.Worksheets(1).Cells(Rows.Count, 1).End(xlUp).Row + 1`
8	`[Tab] コピー範囲.Copy Destination:=ブックB.Sheets(1).Cells(num,1)`
9	`[Tab] ブックA.Close`
10	`[Tab] FileCopy path_A, (path_A & ".backup")`
11	`[Tab] Kill path_A`
12	`[Tab] ブックB.Save`
13	`[Tab] ブックB.Close`
14	`End Sub`

修正箇所

9 オブジェクト変数「ブックA」として開いているファイルを閉じる。これで、以降のFileCopy関数、Kill関数がエラーを起こすことなく実行される

ここがポイント

■ Closeしてからファイルを操作する

実行時エラー70が発生した場合は、FileCopyやKill、Nameなどのファイルを操作するステートメントを実行する前に、対象のファイルを閉じているかどうかを確認しましょう。特にFileCopyステートメントはコピー元のファイルが開いている状態ではエラーになります。このコードの場合も、「コピー元.xlsx」を読み込んだ「ブックA」オブジェクトをCloseステートメントで終了することでエラーを解消しています（オブジェクト…314ページ）。

「コピー元.xlsx.backup」が作成され、「コピー元.xlsx」が削除されています。

エラー例②

読み込みのみ可能なファイルをINPUT/APPENDモードで開いた

```
1  Sub CSVをまとめる_Openステートメント()
2    Dim まとめファイル As String
3    Dim データファイル As String
4    Dim 行データ As String
5    データファイル = ThisWorkbook.path & "\sample\data-file.csv"
6    まとめファイル = ThisWorkbook.path & "\sample\matome.csv"
7    Open データファイル For Input As #1
8    Open まとめファイル For Append As #2
9    Do Until EOF(1)
10     Line Input #1, 行データ
11     Print #2, 行データ
12   Loop
13   Close #1
14   Close #2
15 End Sub
```

1 Subプロシージャ「CSVをまとめる_Openステートメント」を開始する
2 String型の変数「まとめファイル」を宣言する
3 String型の変数「データファイル」を宣言する
4 String型の変数「行データ」を宣言する
5 変数「データファイル」に、読み込みたいファイルのパスを代入する

6	変数「まとめファイル」に、書き込みたいファイルのパスを代入する
7	変数「データファイル」のファイルをOpenステートメント（読み込みモード）で開く。ファイル番号は1に設定する
8	変数「まとめファイル」のファイルをOpenステートメント（出力モード）で開く。ファイル番号は2に設定する。このとき、変数「まとめファイル」の**ファイルが読み取り専用モードになっている**と実行時エラー70が発生する
9	Do Loopステートメントの終了条件を「Until EOF(1)」とする。これにより以下の処理をファイルの終端に辿り着くまで繰り返す（Do Loopステートメントの開始）
10	ファイル番号1のファイルを1行分読み取り、変数「行データ」に代入する
11	変数「行データ」の内容をファイル番号2のファイルに書き込む
12	次のループに移行する
13	ファイル番号1のファイルを閉じる
14	ファイル番号2のファイルを閉じる
15	Subプロシージャ「CSVをまとめる_Openステートメント」を終了する

ここがポイント

■ 特定の状況下で発生するエラー

エラー例②は一見、問題がないように思えますが、特定の条件下で実行時エラー70が発生します。試しに「matome.csv」ファイルをExcelで開いておき、別のブックでコードを実行してみましょう。すると、Openステートメントで「matome.csv」を開くところで実行時エラーが発生します。

これはExcelでファイルを開くとロックされ、他のアプリケーションからは読み取り専用モードでしか開けないためです。そのため、Openステートメントを別のブックで 使用し、OutputもしくはAppendモードでファイルを開こうとするとエラーになります。

コード自体には問題がないので、修正する必要はありません。「matome.csv」を閉じてから実行し直しましょう。このように、コードに問題がないのにこのエラーが発生するときは、同じファイルを開いている、Excel以外のアプリなども含めて確認しましょう。

CODE 0075

パス名が無効です。

エラーの意味

このエラーは、OpenステートメントやChDirステートメント、MkDirステートメントなどを実行する際、引数に指定したパスへのアクセスの権限がないと発生する実行時エラーです。読み取り専用に設定されたファイルに書き込もうとした場合もこのエラーが表示されます。

■ 考えられる原因

1. アクセス権限のないフォルダー内のファイルやフォルダーを操作した
2. 読み取り専用のファイルに書き込みした

書き込み権限のないフォルダーに、新しいフォルダーを作成しようとすると発生するエラーです。

エラー例①

アクセス権限のないフォルダー内のファイルやフォルダーを操作した

```
1  Sub テキストファイルを作成()
2   Tab Dim filePath As String
3   Tab Dim folderPath As String
4   Tab folderPath = "C:\Windows\NewFolder"
```

5	`Tab` `filePath␣=␣folderPath␣&␣"¥test.txt"` ⏎
6	`Tab` `MkDir␣folderPath` ⏎
7	`Tab` `Open␣filePath␣For␣Output␣As␣#1` ⏎
8	`Tab` `Print␣#1,␣"SAMPLE␣TEXT"` ⏎
9	`Tab` `Close␣#1` ⏎
10	`End␣Sub` ⏎

1	Subプロシージャ「テキストファイルを作成」を開始する
2	String型の変数「filePath」を宣言する
3	String型の変数「folderPath」を宣言する
4	変数「folderPath」に作成したいフォルダーのパスを代入する
5	変数「filePath」に作成したいファイルのパスを代入する。変数「folderPath」の直下に「test.txt」というファイルを作るようパスを指定している
6	MkDir関数で変数「folderPath」のパスを作成する。このとき、**「C:/Windows」に書き込み権限がないため、実行時エラー75が発生する**
7	変数「filePath」のファイルをOpenステートメント（読み込みモード）で開く。ファイル番号は1に設定する。
8	ファイル番号1のファイルに文字列「SAMPLE TEXT」を書き込む
9	ファイル番号1のファイルを閉じる
10	Subプロシージャ「テキストファイルを作成」を終了する

修正例①
アクセス権限のある場所でフォルダーやファイルを作成する

1	`Sub␣テキストファイルを作成()` ⏎
2	`Tab` `Dim␣filePath␣As␣String` ⏎
3	`Tab` `Dim␣folderPath␣As␣String` ⏎
4	`Tab` `folderPath␣=␣`**`ThisWorkbook.path`**`␣&␣"¥sample"` ⏎
5	`Tab` `filePath␣=␣folderPath␣&␣"¥test.txt"` ⏎
6	`Tab` `MkDir␣folderPath` ⏎
7	`Tab` `Open␣filePath␣For␣Output␣As␣#1` ⏎
8	`Tab` `Print␣#1,␣"SAMPLE␣TEXT"` ⏎
9	`Tab` `Close␣#1` ⏎
10	`End␣Sub` ⏎

修正箇所

4 変数「folderPath」に代入するパスを、実行中のブックと同じフォルダーを基準に設定する。これにより書き込みできないフォルダーの使用を避ける

6 MkDir関数で変数「folderPath」のパスを作成する。書き込み権限のあるフォルダ内で実行しているため、実行時エラーは発生しない

マクロを実行したブックと同じフォルダーに「sample」フォルダーが作成され、その中に「test.txt」というテキストファイルが作成されます。

ここがポイント

■ フォルダーを作れる場所を指示する

実行時エラー75が発生したときは、対象のフォルダーに書き込みをする権限があるかを確認しましょう。このサンプルコードでフォルダーを作成しようとしている「C:¥Windows」フォルダーは、システムを管理するフォルダーのため、ユーザーはフォルダーやファイルを作成できません。また、MkDirステートメントですでに存在するフォルダーと同じ名前のフォルダーを作成する場合も実行時エラー75が発生します。対象のフォルダーの場所を、デスクトップやドキュメントなど書き込み権限のあるパスに変更することで、エラーを解消できます。

Cドライブ直下にはファイルを作成できない

OpenステートメントでCドライブ直下にファイルを作成した場合も、実行時エラー75が発生します。この問題を回避するには、まずCドライブ直下にフォルダーを作成し、そのフォルダー内にOpenステートメントでファイルを作成してください。

エラー例②
読み取り専用のファイルを編集した

1	`Sub␣読み取り専用ファイルを編集()`↵
2	[Tab] `Dim␣path␣As␣String`↵
3	[Tab] `path␣=␣ThisWorkbook.path␣&␣"¥test.txt"`↵
4	[Tab] `Open␣path␣For␣Append␣As␣#1`↵
5	[Tab] `Print␣#1,␣"SAMPLE␣TEXT"`↵
6	[Tab] `Close␣#1`↵
7	`End␣Sub`↵

1	Subプロシージャ「読み取り専用ファイルを編集」を開始する
2	String型の変数「path」を宣言する
3	読み取りたいテキストファイルのパスを変数「path」に代入する
4	変数「path」のファイルをOpenステートメント(追加モード)で開く。ファイルナンバーは1に設定する。ここで、**読み取り専用ファイルを追加モードで開いた**ため、実行時エラー75が発生する
5	ファイル番号1のファイルに文字列「SAMPLE TEXT」を書き込む
6	ファイル番号1のファイルを閉じる
7	Subプロシージャ「読み取り専用ファイルを編集」を終了する

修正例②
ファイルの属性をチェックしてから書き込みする

1	`Sub␣読み取り専用ファイルを編集()`↵
2	[Tab] `Dim␣path␣As␣String`↵
3	[Tab] `path␣=␣ThisWorkbook.path␣&␣"¥test.txt"`↵
4	[Tab] `If␣GetAttr(path)␣And␣vbReadOnly␣Then`↵
5	[Tab][Tab] `MsgBox␣path␣&␣"␣は読み取り専用ファイルです"`↵
6	[Tab] `Else`↵
7	[Tab][Tab] `Open␣path␣For␣Append␣As␣#1`↵
8	[Tab][Tab] `Print␣#1,␣"SAMPLE␣TEXT"`↵
9	[Tab][Tab] `Close␣#1`↵
10	[Tab] `End␣If`↵

| 11 | End␣Sub ⏎ |

修正箇所

4	If Then Elseステートメントで、ファイルの属性を条件に場合分けを行う。読み取り専用属性の場合はTrue、それ以外の場合はFalseとなる
5	条件が満たされる場合は、メッセージボックスでその旨を知らせる
6	4行目で指定した条件が満たされないときに、以下の処理を行う
7	変数「path」のファイルをOpenステートメント（追加モード）で開く。ファイル番号は1に設定する。4行目の処理で読み取り専用属性でないことは確定しているため、実行時エラーが発生することなくファイルを開くことができる
10	If Then Elseステートメントを終了する

読み取り専用の属性が設定されている場合は左のように表示されます。

読み取り専用の属性が設定されていない場合は、テキストファイルに書き込みが行われます。

ここがポイント

■ If～Thenで読み取り専用属性をチェック

読み取り専用の属性が設定されているファイルを、Openステートメントの AppendもしくはOutputモードで開こうとした場合にも、実行時エラー75が発生します。今回のサンプルコードでは、繰り返し処理での利用を想定し、読み取り専用の属性が設定されている場合は通知だけ行い、処理を継続する作りとしました。GetAttr関数は引数に指定したファイルの属性を返す関数で、読み取り専用を表すvbReadOnlyと比較することで判定しています（**関数…334ページ、繰り返し処理…343ページ**）。

読み取り専用の属性を解除する

操作対象のファイルが1つしかない場合は、エクスプローラー上で読み取り専用の属性を解除しましょう。「プロパティ」ダイアログボックスの［読み取り専用］のチェックボックスをオフにすれば設定を変更できます。

設定を変更したいファイルを右クリックし、［プロパティ］をクリックします。

［読み取り専用］のチェックボックスをクリックしてオフにし、［OK］をクリックします。

パスが見つかりません。

エラーの意味

このエラーは、Open、MKdir、ChDirなどで、存在しないパス（フォルダー）を指定すると発生するエラーです。なお、フォルダーのパス自体は正しいものの、操作対象のファイルだけ存在しない場合はエラー53が優先して表示されます。

■ 考えられる原因

1. 存在しないパスのファイルやフォルダーを操作した
2. 他のパソコンや別のユーザーに渡すことで、絶対パスが変わった

存在しないパスのファイルを開こうとしたときに発生するエラーです。

以下のサンプルコードを実行する際は、err76.csvファイルをコピーし、「ダウンロード」フォルダーに貼り付けてから実行してください。

エラー例

Openステートメントで読み込もうとした場所にファイルが存在しなかった

```
1  Sub Downloadフォルダーのファイルを開く()
2    Dim ファイルパス As String, コピー先 as string
3    Dim ファイル番号 As Integer
```

4	[Tab] ファイルパス␣=␣"C:¥Users¥tk-sawa¥Downloads¥err76.csv" ⏎
5	[Tab] ファイル番号␣=␣FreeFile ⏎
6	[Tab] Open␣ファイルパス␣For␣Input␣As␣#ファイル番号 ⏎
7	[Tab] MsgBox␣"ファイルが正常に開けました。" ⏎
8	[Tab] Close␣#ファイル番号 ⏎
9	End␣Sub ⏎

1	Subプロシージャ「Downloadフォルダーのファイルを開く」を開始する
2	String型の変数「ファイルパス」と変数「コピー先」を宣言する
3	Integer型の変数「ファイル番号」を宣言する
4	変数「ファイルパス」に読み込みたいCSVファイルのパスを代入する。ここでは絶対パスで記載している
5	FreeFile関数で未使用のファイル番号を取得し、変数「ファイル番号」に代入する
6	Openステートメントで、変数「ファイルパス」のファイルを開く（入力モード）。ファイル番号は変数「ファイル番号」を使用する。このとき、変数「ファイルパス」が絶対パスで記載されているため、他のパソコンで実行すると、ユーザー名（「tk-sawa」の部分）で差異が発生し、実行時エラー76が発生する
7	メッセージボックスで指定の文字列を表示する
8	変数「ファイル番号」のファイルを閉じる
9	Subプロシージャ「Downloadフォルダーのファイルを開く」を終了する

修正例

環境変数を使ってパスを構築する

1	Sub␣Downloadフォルダーのファイルを開く() ⏎
2	[Tab] Dim␣ファイルパス␣As␣String,␣コピー先␣As␣String ⏎
3	[Tab] Dim␣ファイル番号␣As␣Integer ⏎
4	[Tab] ファイルパス␣=␣Environ("HOMEPATH")␣&␣"¥Downloads¥err76.csv" ⏎
5	[Tab] ファイル番号␣=␣FreeFile ⏎
6	[Tab] Open␣ファイルパス␣For␣Input␣As␣#ファイル番号 ⏎
7	[Tab] MsgBox␣"ファイルが正常に開けました。" ⏎
8	[Tab] Close␣#ファイル番号 ⏎
9	End␣Sub ⏎

修正箇所

4	変数「ファイルパス」に代入するパスを、Environ関数と環境変数を使って、使用中のパソコンのホームパスを取り出し、"Downloads/err76.csv"と結合する。こうして構築した絶対パスを変数「ファイルパス」に代入する
6	Openステートメントで、変数「ファイルパス」のファイルを開く（入力モード）。ファイル番号は変数「ファイル番号」を使用する。変数「ファイルパス」で指定する場所は、使用するパソコンに応じて動的に変更されるため、「Download」フォルダー内に該当のファイルがあればエラーは発生しない

ファイルが無事開けたことが
メッセージで通知されます。

ここがポイント

■ 環境変数を使ってパスを構築する

実行時エラー76は、存在しないパスのファイルを操作しようとすると発生するエラーです。エラー例のように絶対パスでファイルの場所を指定すると、マクロを含んだファイルを他のパソコンに移動したり、別の人が使ったりした場合にこのエラーが生じます。これは、パソコンによってユーザー名が異なるため、同じ「Download」フォルダーを意図していても、微妙にパスが変わってしまうためです。

この問題を避けるには、Environ関数を使って環境変数と組み合わせてパスを構築するのが効果的です。前ページでの修正例ではホームフォルダー（C:¥Users¥tk-sawaなどの各ユーザーに割り当てられたフォルダーのこと）の環境変数と「Download」フォルダー以降のパスを組み合わせることで、他のパソコンに移動しても同じように使える作りにしています（変数…319ページ、関数…334ページ）。

■ test.csvに環境変数を使ってアクセスするには

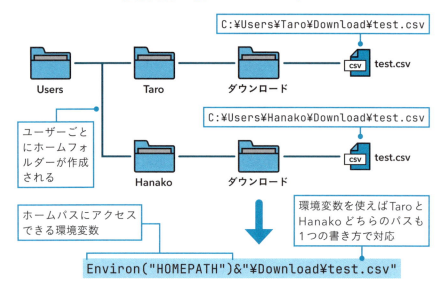

その他の環境変数

環境変数には HOMEPATH 以外にも次のようなものがあります。

環境変数名	取得できる情報	主な使用目的
USERNAME	現在パソコンにログインしているユーザーの名前が取得できる	・ユーザー名をファイル名の一部に使う（例：「田中さんの資料.xlsx」） ・ログに使用者名を記録する ・ユーザーごとに設定を保存する場合の識別子にする
COMPUTERNAME	そのコンピューター(PC)固有の名前が取得できる	・ログにどのパソコンで処理したかを記録する ・ネットワーク上でパソコンを識別する際の手がかりにする ・特定のパソコンでのみ動作させたい場合の判定に使う
TEMP	一時的なファイルを保存するためのフォルダーへのパスが取得できる	・プログラムが作業中に作成する一時ファイルを安全に置く場所として使う ・パソコン環境に依存せず、適切な一時フォルダーのパスを取得する
USERPROFILE	ログインユーザーのプロファイルフォルダーへのパスが取得できる	・「ドキュメント」や「デスクトップ」など、ユーザー固有フォルダーへのパスの基点として使う ・ユーザーごとの設定ファイルなどを保存する場所の基準にする

相対パスを使う

実行時エラーを避けるもう一つの方法が、絶対パスの代わりに相対パスを使う方法です。例えば、次ページの図のようにマクロ用のブックと処理対象のデータが収められたフォルダーが同じ場所にある場合、どちらも同じ「"sample/data.csv"」で開くことができます。ただし、これはカレントディレクトリをマクロが保存されているフォルダーに移動している場合です。ChDirステートメントで、マクロが保存されているフォルダーにあらかじめ移動しておきましょう。

修正例

カレントパスを移動して相対パスで開く

```
1  Sub Downloadフォルダのファイルを開く2()
2    Dim ファイルパス As String, コピー先 As String
3    Dim ファイル番号 As Integer
4    ファイルパス = "err76.csv"
5    ファイル番号 = FreeFile
6    ChDir ThisWorkbook.Path
7    Open ファイルパス For Input As #ファイル番号
8    MsgBox "ファイルが正常に開けました。"
9    Close #ファイル番号
10 End Sub
```

修正箇所

4	変数「ファイルパス」に読み込みたいファイルのパスを代入する。ここではパスを、相対パスとして記述している
6	ChDirステートメントでマクロのブックを実行しているフォルダーにカレントディレクトリを移動する

> 7　Openステートメントで、変数「ファイルパス」のファイルを開く（入力モード）。ファイル番号は変数「ファイル番号」を使用する。カレントディレクトリを変更しているため、マクロのブックを実行しているフォルダー内の「err76¥err76.csv」を開くことになる

マクロが保存されているフォルダーはThisWorkbook.Pathで取得できます。これとChDirステートメントを組み合わせることにより、保存先のフォルダーや利用するパソコンにとらわれず、マクロを利用できるようになります。

■ 相対パスを使う場合のファイル構成

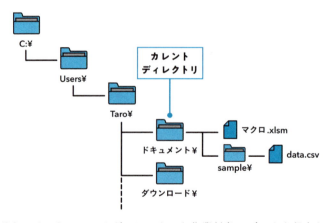

「ドキュメント」フォルダーにマクロと作業対象のデータを保存している場合、カレントディレクトリを「ドキュメント」フォルダーに設定しておけば「"sample¥data.csv"」で開けます。「ダウンロード」フォルダーにマクロと作業対象のデータを移動した場合も、カレントディレクトリを「ダウンロード」フォルダーに設定しておけば同じ「"sample¥data.csv"」で開けます。

CODE 0091

オブジェクト変数またはWithブロック変数が設定されていません。

エラーの意味

このエラーは、WorkbookやWorksheet、Rangeなどのオブジェクトを操作する際、オブジェクト変数にオブジェクトが適切に代入できていないときに発生する実行時エラーです（オブジェクト…314ページ、変数…319ページ）。

■ 考えられる原因

1. Setステートメントを使わずにオブジェクトを変数に代入した
2. オブジェクト変数だけを宣言し、オブジェクトを代入しなかった
3. オブジェクト変数にオブジェクト以外の値を代入した

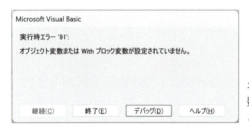

オブジェクトが代入されていない変数に対してプロパティを操作すると、実行時エラー91が発生します。

エラー例①

Setステートメントを使わずにオブジェクトを変数に代入した

```
1  Sub シートを複製して1月から12月に名前変更()
2    Dim i As Integer
3    Dim 元シート As Worksheet
4    Dim 新しいシート As Worksheet
5    元シート = Worksheets("Template")
6    For i = 1 To 12
```

7	[Tab] [Tab] 元シート.Copy␣After:=Worksheets(Worksheets.Count) ⏎
8	[Tab] [Tab] Set␣新しいシート␣=␣Worksheets(Worksheets.Count) ⏎
9	[Tab] [Tab] 新しいシート.Name␣=␣"2024年"␣&␣i␣&␣"月" ⏎
10	[Tab] Next␣i ⏎
11	End␣Sub ⏎

1	Subプロシージャ「シートを複製して1月から12月に名前変更」を開始する
2	Integer型の変数「i」を宣言する
3	Worksheet型のオブジェクト変数「元シート」を宣言する
4	Worksheet型のオブジェクト変数「新しいシート」を宣言する
5	オブジェクト変数「元シート」に、現在マクロを実行しているブックの「Template」シートを取り出して代入する。このとき、**オブジェクト変数の代入文にSetステートメントが使われていない**ため、実行時エラー91が発生する
6	変数「i」が1から12になるまで、以下の処理を繰り返す（For Nextステートメントの開始）
7	オブジェクト変数「元シート」をコピーする。コピーしたシートの作成位置は全シートの最後尾とする
8	最後尾のシート（7行目でコピーしたシート）を取り出してオブジェクト変数「新しいシート」に代入する
9	オブジェクト変数「新しいシート」の名前を変更する。新しい名前は、「2024年○月」とする。○には変数「i」の数字が入る
10	次のループに移行する
11	Subプロシージャ「シートを複製して1月から12月に名前変更」を終了する

修正例①
Setステートメントを追記する

1	Sub␣シートを複製して1月から12月に名前変更() ⏎
2	[Tab] Dim␣i␣As␣Integer ⏎
3	[Tab] Dim␣元シート␣As␣Worksheet ⏎
4	[Tab] Dim␣新しいシート␣As␣Worksheet ⏎
5	[Tab] **Set**␣元シート␣=␣Worksheets("Template") ⏎
6	[Tab] For␣i␣=␣1␣To␣12 ⏎
7	[Tab] [Tab] 元シート.Copy␣After:=Worksheets(Worksheets.Count) ⏎

```
 8  Tab Tab Set 新しいシート = Worksheets(Worksheets.Count)
 9  Tab Tab 新しいシート.Name = "2024年" & i & "月"
10  Tab Next i
11  End Sub
```

修正箇所

4　オブジェクト変数「元シート」に、現在マクロを実行しているブックの「Template」シートを取り出して代入する。代入文の先頭にSetを記述することで、実行時エラー91が発生することなく処理が実行される

ここがポイント

■ Setステートメントの記入漏れに注意

VBAでは、変数にオブジェクトを代入するときは、先頭にSetステートメントを必ず記述する必要があります。実行時エラー91が表示されたら、オブジェクト変数の代入式にSetステートメントが使われているか確認しておきましょう。

「Template」シートが複製され、2024年1月から12月のシートが作成されます。

エラー例②

オブジェクト変数だけを宣言し、オブジェクトを代入していない

```
1  Sub シートを複製して1月から12月に名前変更()
2  Tab Dim i As Integer
3  Tab Dim 元シート As Worksheet
```

4	`Tab` `Dim 新しいシート As Worksheet` ↵
5	`Tab` `Set 元シート = Worksheets("Template")` ↵
6	`Tab` `For i = 1 To 12` ↵
7	`Tab` `Tab` `元シート.Copy After:=Worksheets(Worksheets.Count)` ↵
8	`Tab` `Tab` `With 新しいシート` ↵
9	`Tab` `Tab` `Tab` `.Name = "2024年" & i & "月"` ↵
10	`Tab` `Tab` `Tab` `.Range("A1").Value = "2024年" & i & "月の記録"` ↵
11	`Tab` `Tab` `End With` ↵
12	`Tab` `Next i` ↵
13	`End Sub` ↵

1	Subプロシージャ「シートを複製して1月から12月に名前変更」を開始する
2	Integer型の変数「i」を宣言する
3	Worksheet型のオブジェクト変数「元シート」を宣言する
4	Worksheet型のオブジェクト変数「新しいシート」を宣言する
5	オブジェクト変数「元シート」に、現在マクロを実行しているブックの「Template」シートを取り出して代入する
6	変数「i」が1から12になるまで、以下の処理を繰り返す（For Nextステートメントの開始）
7	オブジェクト変数「元シート」をコピーする。コピーしたシートの作成位置は全シートの最後尾とする
8	オブジェクト変数「新しいシート」を対象に以下の処理を行う（Withステートメントの開始）
9	オブジェクト変数「新しいシート」の名前を変更する。新しい名前は、「2024年○月の記録」とする。○には変数「i」の数字が入る。**このとき、オブジェクトが代入されていないオブジェクト変数「新しいシート」のNameプロパティを操作したため**、実行時エラー91が発生する
10	オブジェクト変数「新しいシート」のセルA1に、「2024年○月の記録」を入力する。○には変数「i」の数字が入る。実際にはここでも、オブジェクトが代入されていないオブジェクト変数「新しいシート」のRangeプロパティを操作しているため、実行時エラー91が発生する
11	Withステートメントを終了する
12	次のループに移行する
13	Subプロシージャ「シートを複製して1月から12月に名前変更」を終了する

修正例②
変数にオブジェクトを代入してから操作する

1	Sub シートを複製して1月から12月に名前変更()
2	[Tab] Dim i As Integer
3	[Tab] Dim 元シート As Worksheet
4	[Tab] Dim 新しいシート As Worksheet
5	[Tab] Set 元シート = Worksheets("Template")
6	[Tab] For i = 1 To 12
7	[Tab][Tab] 元シート.Copy After:=Worksheets(Worksheets.Count)
8	[Tab][Tab] Set 新しいシート = Worksheets(Worksheets.Count)
9	[Tab][Tab] With 新しいシート
10	[Tab][Tab][Tab] .Name = "2024年" & i & "月"
11	[Tab][Tab][Tab] .Range("A1").Value = "2024年" & i & "月の記録"
12	[Tab][Tab] End With
13	[Tab] Next i
14	End Sub

修正箇所

8 最後尾のシート（7行目でコピーしたシート）を取り出してオブジェクト変数「新しいシート」に代入する。これで With ステートメントでのオブジェクトの操作が正常に行われる

ここがポイント

■ オブジェクトを変数に代入してから操作する

オブジェクト変数は宣言したものの、肝心のオブジェクトを代入していない場合にも、実行時エラー91が発生します。Setステートメントで適切なオブジェクトを変数に代入してから操作しましょう。

Setはオブジェクトの代入専用

オブジェクト変数にオブジェクト以外のデータを代入した場合も、実行時エラー91が発生します。

エラー例

オブジェクト変数に文字列に代入する

```
1  Sub エラー例()
2  [Tab] Dim x As Worksheet
3  [Tab] x = "Template"
```

1	Subプロシージャ「エラー例」を開始する
2	Worksheet型のオブジェクト変数「x」を宣言する
3	オブジェクト変数「元シート」に文字列を代入したところ、実行時エラーが発生する

修正例

適切なデータ型に変更する

```
1  Sub 修正例()
2  [Tab] Dim x As String
3  [Tab] x = "Template"
```

修正箇所

2	変数「x」をString型で宣言することにより、実行時エラーを解消できる

CODE 0092

Forループが初期化されていません。

エラーの意味

このエラーは、For Each ～ Nextステートメントで、初期化されていない配列に対して繰り返し処理を行うと発生する実行時エラーです（配列...327ページ、繰り返し処理...343ページ）。

■ 考えられる原因

1 For Each ～ Nextステートメントで操作対象となる配列が適切に定義されていない
2 For Each ～ NextステートメントでNextの記述位置が違う

For Each～Nextステートメントの書き方が誤っているときに発生するエラーです。

エラー例①

操作対象となる配列が適切に定義されていない

```
1  Sub 配列データを繰り返し処理()
2   Dim i As Variant
3   Dim arr() As Variant
4   For Each i In arr
5    Debug.Print "iの値は" & i & "です"
6   Next i
```

7	End␣Sub ⏎

1	Subプロシージャ「配列データを繰り返し処理」を開始する
2	Integer型の変数「i」を宣言する
3	変数「arr」をVariant型の動的配列として宣言する
4	動的配列の変数「arr」の要素を1つずつ変数「i」に代入し、以下の処理を繰り返す（For Each Nextステートメントの開始）。このとき、**配列の内容が定義されていない**ため、実行時エラー92が発生する
5	変数「i」と文字列を結合し、イミディエイトウィンドウに出力する。実践的なマクロでは、ここにより具体的な処理を記述することになる
6	次のループに移行する
7	Subプロシージャ「配列データを繰り返し処理」を終了する

修正例①

配列に適切なデータを代入する

1	Sub␣配列データを繰り返し処理() ⏎
2	[Tab] Dim␣i␣As␣Variant ⏎
3	[Tab] Dim␣arr()␣As␣Variant ⏎
4	[Tab] arr()␣=␣Array(1,␣2,␣3,␣4,␣5) ⏎
5	[Tab] For␣Each␣i␣In␣arr ⏎
6	[Tab] [Tab] Debug.Print␣"iの値は␣"␣&␣i␣&␣"␣です" ⏎
7	[Tab] Next␣i ⏎
8	End␣Sub ⏎

修正箇所

4	Array関数で要素が5つの配列を作成し、動的配列の変数「arr」に代入する。これで5行目のFor Each Nextステートメントで配列を操作しても、実行時エラーが発生することなく処理が行われる

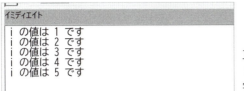

正常に実行されるとイミディエイトウィンドウに繰り返し処理で文字列が出力されます。

ここがポイント

■ 配列の値を確認しよう

For Each 〜 Next ステートメントで配列を処理する際、In の後ろに入る配列が未定義だと実行時エラー92が発生します。このエラーが発生したときは、変数に配列のデータが代入されているか確認しましょう。ReDim ステートメントで配列を初期化した場合も注意が必要です。

なお、このエラーは動的配列の場合にのみ発生します。静的配列では各要素に「Empty」という仮の値が割り当てられているため、繰り返し処理自体は動作します。ただし、期待通りの動作になるとは限りません（変数…319ページ）。

エラー例②

Nextの記述位置を間違えている

```
1  Sub 配列データを繰り返し処理()
2      Dim i As Variant
3      Dim arr() As Variant
4      arr() = Array(1, 2, 3, 4, 5)
5      On Error GoTo ErrorHandler
6      Open "x.txt" For Input As #1
7      For Each i In arr
8          Debug.Print "iの値は" & i & "です"
9  Exit Sub
10 ErrorHandler:
11     Debug.Print Err.Description
```

12	`Tab` `Next␣i` ⏎
13	`End␣Sub` ⏎

1	Subプロシージャ「配列データを繰り返し処理」を開始する
2	Integer型の変数「i」を宣言する
3	変数「arr」をVariant型の動的配列として宣言する
4	Array関数で要素が5つの配列を作成し、動的配列の変数「arr」に代入する
5	エラーハンドリングを有効にする。エラーが発生するとラベル「ErrorHandler」までジャンプするようになる
6	Openステートメントでテキストファイル「x.txt」を開く（入力モード）。ファイル番号は1とする。実際にはこのテキストファイルは存在しないため、ここでエラーが発生し、5行目のエラーハンドリングの影響でラベル「ErrorHandler」にジャンプする
7	動的配列の変数「arr」の要素を1つずつ変数「i」に代入し、以下の処理を繰り返す（For Each Nextステートメントの開始）
8	変数「i」と文字列を結合し、イミディエイトウィンドウに出力する。実践的なマクロでは、ここにより具体的な処理を記述する
9	Subプロシージャのメイン処理を終了する
10	ラベル「ErrorHandler」を開始する
11	イミディエイトウィンドウにエラーの詳細内容を出力する
12	次のループに移行することを意図した「Next i」の記述位置が誤っている。For Each Nextステートメントが始まる前にNextステートメントを実行することになるため、実行時エラー92が発生する
13	Subプロシージャ「配列データを繰り返し処理」を終了する

修正例②
Nextを適切な場所に記述する

1	`Sub␣配列データを繰り返し処理()` ⏎
2	`Tab` `Dim␣i␣As␣Variant` ⏎
3	`Tab` `Dim␣arr()␣As␣Variant` ⏎
4	`Tab` `arr()␣=␣Array(1,␣2,␣3,␣4,␣5)` ⏎
5	`Tab` `On␣Error␣GoTo␣ErrorHandler` ⏎
6	`Tab` `Open␣"x.txt"␣For␣Input␣As␣#1` ⏎

```
7   [Tab] For_Each_i_In_arr ↵
8   [Tab][Tab] Debug.Print_"i_の値は_"_&_i_&_"_です" ↵
9   [Tab] Next_i ↵
10  Exit_Sub ↵
11  ErrorHandler: ↵
12  [Tab] Debug.Print_Err.Description ↵
13  End_Sub ↵
```

修正箇所

9	「Next i」の記述位置を9行目に変更する。これにより正常にエラー処理が行われ、マクロが終了する

イミディエイト

ファイルが見つかりません。

エラーが発生してもイミディエイトウィンドウにエラー内容の出力だけ行うように修正されました。

ここがポイント

■ Nextの記述位置に注意

For Each 〜 Nextステートメントに慣れていないうちは、「Next」を書く位置を間違えがちです。エラー例のように最後尾に書いてしまうと、エラーハンドリングが発生したときに意図せず「Next」が実行されます。このときエラーが発生したのが「For Each」より前の場所だと、実行時エラー92が発生します。修正例のように適切な位置に「Next」を移動することでエラーを解消できます。

パターン文字列が不正です。

エラーの意味

このエラーは、文字列を比較するLike演算子のパターン文字列に、不正な値(正常な意味として読み取れない値)を設定した場合に発生する実行時エラーです(演算子…331ページ)。

■ 考えられる原因

1. Like演算子のパターン文字列に、不正な値を設定した

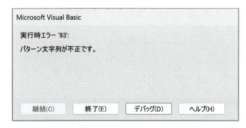

誤った方法でワイルドカードを記述すると発生するエラーです。

エラー例

Like演算子のパターン文字列に、不正な値を設定した

```
1  Sub シート2024年1から6月をコピーする()
2    Dim 元ブック As Workbook
3    Dim 新しいブック As Workbook
4    Dim シート As Worksheet
5    Set 元ブック = ThisWorkbook
6    Set 新しいブック = Workbooks.Add
7    For Each シート In 元ブック.Sheets
8      If シート.Name Like "2024年[1-6月" Then
```

9	[Tab][Tab][Tab]With␣新しいブック⏎
10	[Tab][Tab][Tab][Tab]シート.Copy␣After:=.Sheets(.Sheets.Count)⏎
11	[Tab][Tab][Tab]End␣With⏎
12	[Tab][Tab]End␣If⏎
13	[Tab]Next␣シート⏎
14	[Tab]新しいブック.Activate⏎
15	End␣Sub⏎

1	Subプロシージャ「シート2024年1から6月をコピーする」を開始する
2	Workbook型のオブジェクト変数「元ブック」を宣言する
3	Workbook型のオブジェクト変数「新しいブック」を宣言する
4	Worksheet型のオブジェクト変数「シート」を宣言する
5	Setステートメントで変数「元ブック」に現在操作しているワークブックのオブジェクトを代入する
6	WorkbooksコレクションのAddメソッドで、新しいワークブックを作成し、変数「新しいブック」に代入する
7	変数「元ブック」のSheetsコレクションの要素を1つずつ変数「i」に代入し、以下の処理を繰り返す（For Each Nextステートメントの開始）。
8	Like演算子を使用し、変数「シート」の名前が、「2024年1月」から「2024年6月」のいずれかに一致する場合は、以下の処理を実行する（If Thenステートメントの開始）。ここでLike演算子と比較するパターン文字列が適切に入力されていないため、実行時エラー93が発生する
9	オブジェクト変数「新しいブック」に対し、以下の処理を実行する（Withステートメントの開始）
10	オブジェクト変数「シート」（Worksheetオブジェクト）をコピーし、オブジェクト変数「新しいブック」のシート最後尾に配置する
11	Withステートメントを終了する
12	If Thenステートメントを終了する
13	次のループに移行する
14	オブジェクト変数「新しいブック」のブックを前面に表示する
15	Subプロシージャ「シート2024年1から6月をコピーする」を終了する

修正例
Like演算子に適切なパターン文字列を設定する

```
1  Sub シート2024年1から6月をコピーする()
2      Dim 元ブック As Workbook
3      Dim 新しいブック As Workbook
4      Dim シート As Worksheet
5      Set 元ブック = ThisWorkbook
6      Set 新しいブック = Workbooks.Add
7      For Each シート In 元ブック.Sheets
8          If シート.Name Like "2024年[1-6月]" Then
9              With 新しいブック
10                 シート.Copy After:=.Sheets(.Sheets.Count)
11             End With
12         End If
13     Next シート
14     新しいブック.Activate
15 End Sub
```

修正箇所

8 不足していた「]」を追記し、適切なパターン文字列に修正する。これによりLike演算子による比較が期待通り行われる

ここがポイント

■ パターン文字列を確認する

Likeはいわゆるワイルドカードの機能があり、文字列が一致するかどうかを判定する演算子です。この演算子の右側に書く条件のことを「パターン文字列」といい、任意の1文字に一致する「?」や、0文字以上の任意の文字に一致する「*」などの記号を使って条件を指定できます。このとき、「[」が片方だけしか入力されていないといった不適切なパターン文字列が指定されていると、実行時エラー93が発生します。

Nullの使い方が不正です。

エラーの意味

このエラーは、データベースやインターネットなど外部からデータを取得したときに現れる「Null」という値の扱い方が間違っているときに現れる実行時エラーです（変数…319ページ）。

■ 考えられる原因

1. Variant型以外の変数にNullを代入した
2. Nullのまま他の数値と計算を行った

Nullという特殊な値の扱いが誤っていた場合に発生するエラーです。

エラー例①

Variant型以外の変数に Nullを代入した

```
1  Function 売上データ (年月 As String) As Variant
2      Debug.Print 年月 & " の売上データ "
3      売上データ = Null
4  End Function
5  Sub データを取り出して入力()
6      Dim 売上 As Long
7      売上 = 売上データ("2024年1月")
```

8	[Tab] If␣IsNull(売上)␣Then ⏎
9	[Tab][Tab] 売上␣=␣0 ⏎
10	[Tab] End␣If ⏎
11	[Tab] MsgBox␣"売上は"␣&␣売上␣&␣"万円です" ⏎
12	End␣Sub ⏎

1	関数プロシージャ「売上データ」を開始する。引数は String 型の「年月」とし、戻り値は Variant 型とする。この関数は、Access のデータベースからデータを取り出すことを想定している
2	イミディエイトウィンドウに変数「年月」と文字列を結合した値を出力する
3	戻り値の「売上データ」に Null を代入する。これも Access のデータベースから Null が返ってきている想定
4	関数プロシージャ「売上データ」を終了する
5	Sub プロシージャ「データを取り出して入力」を開始する
6	**Long 型**の変数「売上」を宣言する
7	関数プロシージャ「売上データ」を実行し、戻り値を変数「売上」に代入する。引数は "2024 年 1 月" とする。このとき、**関数プロシージャからは Null が返ってくる**ため、実行時エラー 94 が発生する
8	IsNull 関数を使い、変数「売上」が Null の場合は、以下の処理を実行する（If Then ステートメントの開始）
9	変数「売上」に 0 を代入する
10	If Then ステートメントを終了する
11	変数「売上」と文字列を結合した値をメッセージボックスで表示する
12	Sub プロシージャ「データを取り出して入力」を終了する

修正例①
Nullが入る可能性がある変数は Variant型にする

1	Function␣売上データ(年月␣As␣String)␣As␣**Variant** ⏎
2	[Tab] Debug.Print␣年月␣&␣"の売上データ" ⏎
3	[Tab] 売上データ␣=␣Null ⏎
4	End␣Function ⏎
5	Sub␣データを取り出して入力() ⏎
6	[Tab] Dim␣売上␣As␣**Variant** ⏎

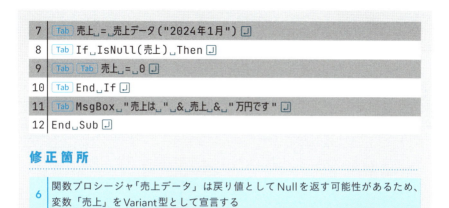

修正箇所

6 関数プロシージャ「売上データ」は戻り値としてNullを返す可能性があるため、変数「売上」をVariant型として宣言する

メッセージボックスで変数「売上」の値が出力されます。ここではNullが戻り値だったため0に置き換えられています。

ここがポイント

■ NullはVariant以外に代入できない

Nullは「何もない」ことを意味する特殊な値です。Excelではあまり見かけませんが、Accessのような外部のデータベースやインターネットからデータを取得するとしばしば登場します。

このNullをVariant以外のデータ型の変数に代入すると、実行時エラー94が発生します。Nullが入る可能性がある変数は、Variant型として定義しておきましょう（データ型…324ページ、条件分岐…337ページ）。

エラー例②

Nullのまま変数に代入して計算した

1	Function 売上データ(開始 As String, 終了 As String) As Variant
2	[Tab] 売上データ = Array(100, 200, Null)
3	End Function
4	Sub 売上データを合計()
5	[Tab] Dim arr() As Variant
6	[Tab] arr = 売上データ("2024年1月", "2024年3月")
7	[Tab] Dim i As Integer
8	[Tab] Dim 合計 As Variant
9	[Tab] 合計 = 0
10	[Tab] For i = LBound(arr) To UBound(arr)
11	[Tab][Tab] 合計 = 合計 + arr(i)
12	[Tab] Next i
13	[Tab] MsgBox "売上は " & 合計 & "万円です"
14	End Sub

1	関数プロシージャ「売上データ」を開始する。引数はString型の「開始」と「終了」とし、戻り値はVariant型とする。この関数は、Accessのデータベースからデータを取り出すことを想定している
2	戻り値の「売上データ」にNullを代入する。これもAccessのデータベースからNullが返ってきていることを想定している
3	関数プロシージャ「売上データ」を終了する
4	Subプロシージャ「売上データを合計」を開始する
5	Variant型の要素を持つ動的配列の変数「arr」を宣言する
6	関数プロシージャ「売上データ」を呼び出し、戻り値を動的配列の変数「arr」に代入する。引数は、開始月（2024年1月）と終了月（2024年3月）を表す2つの文字列とする
7	Integer型の変数「i」を宣言する
8	Variant型の変数「合計」を宣言する
9	変数「合計」に0を代入する
10	配列変数「arr」の最小のインデックスから最大のインデックスになるまで変数「i」に代入し、以下の処理を繰り返す（For Nextステートメントの開始）。

11	変数「合計」と配列変数「arr」の要素を合計し、変数「合計」に代入する。配列変数「arr」の3つ目の要素がNullのため、3回目の計算時に数値とNullの合計を求めることになり、計算結果がNullとなる
12	次のループに移行する
13	変数「合計」と文字列を結合した値をメッセージボックスで表示する。変数「合計」にはNullが代入されているため、出力内容の金額部分が空欄になる
14	Subプロシージャ「売上データを合計」を終了する

実行時エラーは発生しないものの、計算結果の数字が表示されず、意図しない結果になりました。

修正例②

Nullを想定して条件分岐を作る

1	`Function 売上データ(開始 As String, 終了 As String) As Variant`
2	`[Tab] 売上データ = Array(100, 200, Null)`
3	`End Function`
4	`Sub 売上データを合計()`
5	`[Tab] Dim arr() As Variant`
6	`[Tab] arr = 売上データ("2024年1月", "2024年3月")`
7	`[Tab] Dim i As Integer`
8	`[Tab] Dim 合計 As Variant`
9	`[Tab] 合計 = 0`
10	`[Tab] For i = LBound(arr) To UBound(arr)`
11	`[Tab] [Tab] If Not IsNull(arr(i)) Then`
12	`[Tab] [Tab] [Tab] 合計 = 合計 + arr(i)`
13	`[Tab] [Tab] End If`
14	`[Tab] Next i`

```
15  Tab MsgBox␣"売上は␣"␣&␣合計␣&␣"万円です"　⏎
16  End␣Sub　⏎
```

修正箇所

11	配列変数「art」から取り出す値がNullでないときだけ、以下の処理を行う（If Thenステートメントの開始）
13	変数「合計」と配列変数「arr」の要素を合計し、変数「合計」に代入する。配列変数「arr」の要素がNullの場合は、この処理はスキップされるため、計算結果がNullになることはない
14	If Thenステートメントを終了する

正常に実行されると100, 200, Nullの合計が300として計算されます。

ここがポイント

■ Nullを含む計算はすべてNullになる

配列にNullが含まれる可能性がある場合は、気をつけて計算しましょう。計算対象の値にNullが1つでも含めていると、計算結果はすべてNullとなります。修正例ではIf ThenステートメントとIsNull関数を組み合わせて使い、配列も値がNullでないときだけ計算するようにしています。IsNull関数は引数がNullのときにTrueとなるため、Not演算子で真偽を反転することにより、「Nullでないとき」を判定しています（配列…327ページ、演算子…331ページ、関数…334ページ）。

CODE 0380

プロパティを設定できません。プロパティの値が無効です。

エラーの意味

このエラーは、フォームのオブジェクトを操作する際、プロパティに不適切な値を代入すると発生する実行時エラーです（オブジェクト...314ページ）。

■ 考えられる原因

1. ListIndexプロパティに、リストの範囲外となる数値を代入した
2. RowSource プロパティに不適切な文字列やオブジェクトを代入した

フォームのリストボックスやコンボボックスに関連するエラーです。

エラー例①

Openステートメントで読み込もうとした場所にファイルがなかった

```
1  Private Sub UserForm_Initialize()
2    Me.TextBox1.Text = "2024年1月"
3    Me.ListBox1.ListIndex = 0
4    Me.ListBox1.RowSource = "A2:A7"
5  End Sub
```

1	Subプロシージャ「UserForm_Initialize」を開始する。このプロシージャは、ユーザフォームを起動する際、自動で呼び出されフォームの初期設定を行う。記述されている処理が実行されてからフォームが起動する
2	ユーザフォームのテキストボックスのテキストを「2024年1月」に書き換える
3	ユーザフォームのリストボックスの0番目(最初)の要素を選択するよう指示する。ただしここでは、リストボックスが空の状態のため、0が範囲外の扱いとなり、実行時エラー380が発生する
4	ユーザフォームのリストボックスに値を設定する。値の取り込み元は、現在開いているシートのA2からA7とする
5	Subプロシージャ「UserForm_Initialize」を終了する

フォームを呼び出す際は、マクロ「エラー例1_form」「修正例1_form」を実行します。コードの内容を確認するには、VBEでフォームモジュールを開き、F7キーを押します。

修正例①
リストボックスを初期化してから選択場所を設定する

```
1  Private Sub UserForm_Initialize()
2    Me.TextBox1.Text = "2024年1月"
3    Me.ListBox1.RowSource = "A2:A7"
4    Me.ListBox1.ListIndex = 0
5  End Sub
```

修正箇所

3	先に、ユーザフォームのリストボックスに値を設定する。値の取り込み元は、現在開いているシートのA2からA7とする
4	ユーザフォームのリストボックスの0番目(最初)の要素を選択する。先にリストボックスに値が取り込まれているため、実行時エラーは発生しない

正常に実行されるとリストボックスにデータが読み込まれ、最初の要素が選択された状態でフォームが表示されます。

ここがポイント

■ リストに要素を追加してから選択する

ListIndexは、コンボボックスやリストボックスで選択中の要素番号を取り出すプロパティです。数値を代入すると、コンボボックスやリストボックスで指定した番号の要素を選択できます。このとき、リストの範囲外のデータを指定すると実行時エラー380が表示されます。また、リストに要素がない状態でListIndexプロパティに値を代入した場合も実行時エラー380が発生します。修正例①のように、リストに要素を追加してから選択しましょう。

エラー例②

RowSourceプロパティに誤った値を指定した

```
1  Private Sub UserForm_Initialize()
2      Me.TextBox1.Text = "2024年1月"
3      Me.ListBox1.RowSource = "東京支店,大阪支店,名古屋支店"
4      Me.ListBox1.ListIndex = 0
5  End Sub
```

1	Subプロシージャ「UserForm_Initialize」を開始する。このプロシージャは、ユーザフォームを起動する際、自動で呼び出されフォームの初期設定を行う。記述されている処理が実行されてからフォームが起動する
2	ユーザフォームのテキストボックスのテキストを「2024年1月」に書き換える
3	ユーザフォームのリストボックスに値を設定する。値として東京支店、大阪支店、名古屋支店の3つを指定しようとしたところ、RowSouceプロパティが求める値ではないため、実行時エラー380が発生する

4	ユーザフォームのリストボックスの0番目（最初）の要素を選択する
5	Subプロシージャ「UserForm_Initialize」を終了する

フォームを呼び出す際は、マクロ「エラー例2_form」「修正例2_form」を実行します。コードの内容を確認するには、VBEでフォームモジュールを開き、F7キーを押します。

修正例②
取り込みたいセル範囲を文字列で指定する

```
1  Private Sub UserForm_Initialize()
2      Me.TextBox1.Text = "2024年1月"
3      Me.ListBox1.RowSource = "A2:A7"
4      Me.ListBox1.ListIndex = 0
5  End Sub
```

修正箇所

3　ユーザフォームのリストボックスに値を設定する。値の取り込み元は、現在開いているシートのA2からA7とする。RowSourceプロパティには、リストボックスに取り込みたい値が記されているセル範囲を文字列で指定する

正常に実行されると指定したセル番地に対応する文字列が、リストボックスに取り込まれた状態でフォームが表示されます。

ここがポイント

■ セル参照を文字列で指定する

RowSourceプロパティは、リストボックスやコンボボックスに、ワークシートのセルからデータを取り込みたいときに使うプロパティです。このプロパティには取り込みたいセル範囲を文字列で指定する必要があり、要素を文字列や配列、Rangeオブジェクトとして代入することはできません（配列…327ページ）。

CODE 0381

Listプロパティを設定できません。プロパティ配列のインデックスが無効です。

エラーの意味

このエラーは、フォームの配列を扱うオブジェクトのプロパティに対し、範囲外のインデックスを指定したり、不適切な値を代入したりすると発生する実行時エラーです（オブジェクト…314ページ、配列…327ページ）。

■ 考えられる原因

1. オブジェクトのプロパティ配列に無効な値を代入した
2. オブジェクトのリストプロパティに範囲外のインデックスを使用した

フォームのリストボックスやコンボボックスに関連するエラーです

エラー例①

オブジェクトのプロパティ配列に無効な値を代入した

```
1  Private Sub UserForm_Initialize()
2      Me.TextBox1.Text = "2024年1月"
3      Me.ListBox1.List = Range("A2:A7")
4      Me.ListBox1.ListIndex = 0
5  End Sub
```

1 Subプロシージャ「UserForm_Initialize」を開始する。このプロシージャは、ユーザフォームを起動する際、自動で呼び出されフォームの初期設定を行う。記述されている処理が実行されてからフォームが起動する

2	ユーザフォームのテキストボックスのテキストを「2024年1月」に書き換える
3	ユーザフォームのリストボックスに値を設定する。値の取り込み元は、現在開いているシートのA2からA7とする。本来、Listプロパティには配列を代入する必要があるため、ここで実行時エラー381が発生する
4	ユーザフォームのリストボックスの0番目（最初）の要素を選択する
5	Subプロシージャ「UserForm_Initialize」を終了する

フォームを呼び出す際は、マクロ「エラー例1_form」「修正例1_form」を実行します。コードの内容を確認するには、VBEでフォームモジュールを開き、F7キーを押します。

修正例①
配列を求めるプロパティにリストを代入する

```
1  Private Sub UserForm_Initialize()
2    Me.TextBox1.Text = "2024年1月"
3    Me.ListBox1.List = Range("A2:A7").Value
4    Me.ListBox1.ListIndex = 0
5  End Sub
```

修正箇所

3	ユーザフォームのリストボックスに値を設定する。値の取り込み元は、現在開いているシートのA2からA7とする。複数のセル範囲を含むRangeオブジェクトにValueプロパティを追加することで、配列としてデータを取り出せる

正常に実行されるとRangeオブジェクトで指定した範囲のデータが、フォームのリストボックスに取り込まれます。

ここがポイント

■ **Listプロパティに配列を代入する**

フォームに追加したリストボックスにまとめて要素を追加する方法の1つに、Listプロパティに配列を代入する方法があります。このとき、誤って配列以外のデータを代入すると実行時エラーが発生します。特にワークシートのデータを取り込みたいとき、エラー例①のように単にRangeオブジェクトを代入するといった間違いをしがちです。Valueプロパティを追加し、配列としてデータを取り出しましょう。

エラー例②

Listプロパティに範囲外のインデックスを使用した

```
1  Private Sub UserForm_Initialize()
2      Me.TextBox1.Text = "2024年1月"
3      Me.ListBox1.List = Array("東京支店", "大阪支店", "名古屋支店")
4  End Sub
5  Private Sub CommandButton1_Click()
6      Dim msg As String
7      msg = ListBox1.List(ListBox1.ListIndex)
8      msg = msg & "のデータを抽出します"
9      MsgBox msg
10     Unload Me
11 End Sub
```

1	Subプロシージャ「UserForm_Initialize」を開始する。このプロシージャは、ユーザフォームを起動する際、自動で呼び出されフォームの初期設定を行う。記述されている処理が実行されてからフォームが起動する
2	ユーザフォームのテキストボックスのテキストを「2024年1月」に書き換える
3	ユーザフォームのリストボックスに値を設定する。東京支店、大阪支店、名古屋支店の3つの文字列を含む配列をArray関数で作成し、Listプロパティに代入する
4	Subプロシージャ「UserForm_Initialize」を終了する

5	Subプロシージャ「CommandButton1_Click」を開始する。このプロシージャには、ボタンコントロール「CommandButton1」がクリックされたときに動作するコードを実装する
6	String型の変数「msg」を宣言する
7	リストボックスのListプロパティに引数を指定し、選択中の要素を取り出して変数「msg」に代入する。このとき、リストボックスで何も要素を選択していない状態だと戻り値が-1になり、Listプロパティの引数として不正な値となるため、実行時エラー381が発生する
8	変数「msg」と文字列を結合し、変数「msg」に代入する
9	変数「msg」の内容をメッセージボックスに表示する
10	ユーザフォームを閉じて終了する
11	Subプロシージャ「CommandButton1_Click」を終了する

リストボックスで何も選択しない状態で、「実行」ボタン（CommandButton1）をクリックすると、実行時エラー381が発生します。

フォームを呼び出す際は、マクロ「エラー例2_form」「修正例2_form」を実行します。コードの内容を確認するには、VBEでフォームモジュールを開き、F7キーを押します。

修正例②

ListIndexプロパティの値を検証する

1	`Private Sub UserForm_Initialize()`
2	`[Tab] Me.TextBox1.Text = "2024年1月"`
3	`[Tab] Me.ListBox1.List = Array("東京支店", "大阪支店", "名古屋支店")`
4	`End Sub`

```
 5  Private Sub CommandButton1_Click()
 6      Dim msg As String
 7      If ListBox1.ListIndex = -1 Then
 8          MsgBox "項目を選択してください"
 9      Else
10          msg = ListBox1.List(ListBox1.ListIndex)
11          msg = msg & "のデータを抽出します"
12          MsgBox msg
13          Unload Me
14      End If
15  End Sub
```

修正箇所

行	説明
9	リストボックスの ListIndex プロパティを取得し、「-1」と一致する場合は以下の処理を実行する（If Then ステートメントの開始）
10	メッセージボックスを表示し、リストボックスでの項目の選択を促す
11	8行目の条件が満たされない（リストボックスで何らかの項目を選択している）場合は、以下の処理を実行する（Else 句の開始）
12	リストボックスの List プロパティに引数を指定し、選択中の要素を取り出して変数「msg」に代入する
14	If Then ステートメントを終了する

ここがポイント

■ ListIndex の値が -1 かチェックする

リストボックスの List プロパティは、範囲以外の要素番号を引数に指定すると実行時エラー381が発生します。このとき特に注意が必要なのが、選択している要素の番号を取り出す ListIndex プロパティとの組み合わせです。リストボックスで何も要素を選択していないと、ListIndex プロパティは -1 を返します。これをそのまま List プロパティの引数に指定するとエラーになるため、修正例②では、If Then ステートメントで -1 の場合は、別のメッセージを表示するようにしています。

フォームは既に表示されているので、モーダル表示することはできません。

エラーの意味

このエラーは、すでに表示されているフォームを、再度モーダル状態で表示しようとしたときに発生する実行時エラーです。

■ 考えられる原因

1 表示済みのフォームを再度表示しようとした

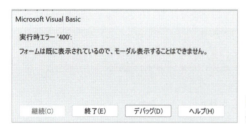

同じフォームを複数表示したときに発生するエラーです。

エラー例

表示済みのフォームを再度表示しようとした

	商品管理モジュール
1	`Private Sub 追加ボタン_Click()`
2	[Tab] `商品追加編集.Show vbModal`
3	`End Sub`
4	`Private Sub UserForm_Initialize()`
5	[Tab] `商品一覧.List = Range("A2:C21").Value`
6	[Tab] `商品一覧.ListIndex = 0`
7	`End Sub`
	商品追加編集モジュール

```
1  Private Sub 登録_Click()
2      Debug.Print TextBox1, TextBox2, TextBox3
3      Unload Me
4      商品管理.Show
5  End Sub
```

商品管理モジュール

1	Subプロシージャ「追加ボタン _Click」を開始する。このプロシージャには、商品管理フォームでボタンコントロール「追加ボタン」がクリックされたときに動作するコードを実装する
2	商品追加編集フォームを表示する
3	Subプロシージャ「追加ボタン _Click」を終了する
4	Subプロシージャ「UserForm_Initialize」を開始する。このプロシージャは、ユーザフォームを起動する際、自動で呼び出されフォームの初期設定を行う。記述されている処理が実行されてからフォームが起動する
5	ユーザフォームのリストボックスに値を設定する。値の取り込み元は、現在開いているシートのA2からC21とする
6	リストの最初の項目を選択する
7	Subプロシージャ「UserForm_Initialize」を終了する

商品追加編集モジュール

1	Subプロシージャ「登録_Click」を開始する。このプロシージャには、商品編集フォームでボタンコントロール「登録」がクリックされたときに動作するコードを実装する
2	テキストボックスに入力した内容をイミディエイトウィンドウに出力する
3	商品編集フォームを閉じる
4	商品管理フォームを表示する。**すでに商品管理フォームは表示されており、同じフォームは2つ同時に表示できない**ため、実行時エラー400が発生する
5	Subプロシージャ「登録_Click」を終了する

フォームを呼び出す際は、マクロ「エラー例1_form」「修正例1_form」を実行します。コードの内容を確認するには、VBEでフォームモジュールを開き、F7 キーを押します。

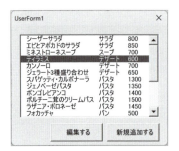

マクロを実行して商品管理フォームが表示されたら、[編集する] ボタンもしくは [新規追加する] ボタンをクリックします。

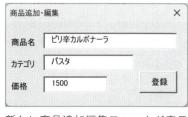

新たに商品追加編集フォームが表示されます。各種情報を入力し、[登録] ボタンをクリックします。

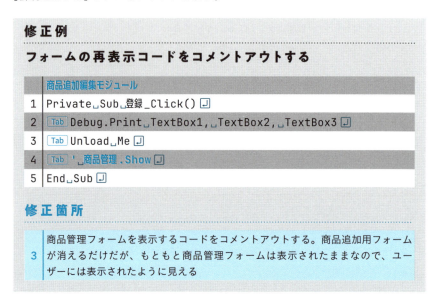

ちなみにこのコードは、正常に動作しても、シートには反映されません。

ここがポイント

■ フォームの再表示は不要

実行時エラー400は、複数のフォームを組み合わせるマクロで起こりがちなエラーです。呼び出し元のフォーム1を表示したままであれば「フォーム1.Show」は不要です。

CODE 0402 一番手前（前面）のモーダルフォームを先に閉じてください。

エラーの意味

このエラーは、すでに表示されているフォームを、再度モーダル状態で表示しようとしたときに発生する実行時エラーです。

■ 考えられる原因

1 表示済みのフォームを再度表示しようとした

フォームの閉じる順序を間違えたときに発生するエラーです。

エラー例

表示済みのフォームを再度表示しようとした

商品管理モジュール

```
1  Private Sub 追加ボタン_Click()
2      商品追加編集.Show vbModal
3  End Sub
4  Private Sub UserForm_Initialize()
5      商品一覧.List = Range("A2:C21").Value
6      商品一覧.ListIndex = 0
7  End Sub
```

商品追加編集モジュール

```
1  Private_Sub_登録_Click() ⏎
2  [Tab]Debug.Print_TextBox1,_TextBox2,_TextBox3 ⏎
3  [Tab]Unload_商品管理 ⏎
4  [Tab]Unload_Me ⏎
5  End_Sub ⏎
```

	商品管理モジュール
1	Subプロシージャ「追加ボタン_Click」を開始する。このプロシージャには、商品管理フォームでボタンコントロール「追加ボタン」がクリックされたときに動作するコードを実装する
2	商品追加編集フォームを表示する
3	Subプロシージャ「追加ボタン_Click」を終了する
4	Subプロシージャ「UserForm_Initialize」を開始する。このプロシージャは、ユーザフォームを起動する際、自動で呼び出されフォームの初期設定を行う。記述されている処理が実行されてからフォームが起動する
5	ユーザフォームのリストボックスに値を設定する。値の取り込み元は、現在開いているシートのA2からA7とする
6	リストの最初の項目を選択する
7	Subプロシージャ「UserForm_Initialize」を終了する

	商品追加編集モジュール
1	Subプロシージャ「登録_Click」を開始する。このプロシージャには、商品編集フォームでボタンコントロール「登録」がクリックされたときに動作するコードを実装する
2	テキストボックスに入力した内容をイミディエイトウィンドウに出力する
3	背面で開いている商品管理フォームを閉じる。このとき、**現在操作中の商品編集フォームがモーダル表示されており、背面のフォームを先に閉じることはできな**いため、実行時エラー402が発生する
4	現在操作中の商品編集フォームを閉じる
5	Subプロシージャ「登録_Click」を終了する

フォームを呼び出す際は、マクロ「エラー例1_form」「修正例1_form」を実行します。コードの内容を確認するには、VBEでフォームモジュールを開き、[F7]キーを押します。

ちなみにこのコードは、正常に動作しても、シートには反映されません。

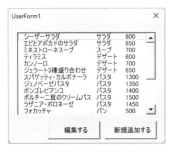
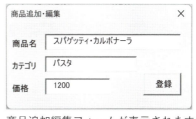

マクロを実行して商品管理フォームが表示されたら、[編集する] ボタンもしくは [新規追加する] ボタンをクリックします。

商品追加編集フォームが表示されます。各種情報を入力し、[登録] ボタンをクリックします。ここで、商品追加編集フォームより先に、背面に表示されている商品管理フォームを閉じようとすると、実行時エラーが発生します。

修正例

フォームを閉じる順番を変更する

商品追加編集モジュール

```
1  Private Sub 登録_Click()
2    Debug.Print TextBox1, TextBox2, TextBox3
3    Unload Me
4    Unload 商品管理
5  End Sub
```

修正箇所

3 現在操作中の商品編集フォームを先に閉じる

4 背面で開いている商品管理フォームを閉じる。このように上に開いているフォームを先に閉じるようにすると、エラーの発生を防げる

ここがポイント

■ ウィンドウを閉じる順番に注意

実行時エラー402は、実行時エラー400と同様に複数のフォームを組み合わせるマクロで起こりがちなエラーです。このエラーを避けるには、先にモーダル状態になっているウィンドウを閉じてから、元のウィンドウを閉じるようにします。

オブジェクトが必要です。

エラーの意味

このエラーは、オブジェクトが代入されていない変数に対し、オブジェクトが必要なプロパティを操作しようとした際に発生する実行時エラーです（オブジェクト...314ページ、変数...319ページ）。

■ **考えられる原因**

1 **オブジェクトが必要なプロパティを誤って操作した**

オブジェクトが代入されてない変数を操作しようとすると発生するエラーです。

エラー例

オブジェクトが必要なプロパティを誤って操作した

```
1  Sub 名前を入力する()
2      Dim target As Variant
3      Dim inputValue As Variant
4      inputValue = InputBox("名前を入力してください：")
5      target = ThisWorkbook.Worksheets("Sheet1").Range("B2")
6      target.Value = inputValue
7  End Sub
```

1 Subプロシージャ「名前を入力する」を開始する

2	Variant型の変数「target」を宣言する
3	Variant型の変数「inputValue」を宣言する
4	入力ボックスに「名前を入力してください」と表示し、ユーザーが入力した値を変数「inputValue」に代入する
5	マクロを実行しているブックの「Sheet1」シートのB2セルを変数「target」に代入する。**本来はオブジェクトとして代入することを意図しているが、Setがないため値の代入**になっている
6	変数「target」に代入されているB2セルに、変数「inputValue」の値を入力する。ところが、**B2セルには単なる値が入力されているため、Valueプロパティが使用できず**、実行時エラー424が発生する
7	Subプロシージャ「名前を入力する」を終了する

修正例

Setステートメントで代入する

```
1  Sub 名前を入力する()
2      Dim target As Variant
3      Dim inputValue As Variant
4      inputValue = InputBox("名前を入力してください：")
5      Set target = ThisWorkbook.Worksheets("Sheet1").Range("B2")
6      target.Value = inputValue
7  End Sub
```

修正箇所

5	代入文の先頭に「Set」を追加することで、変数「target」にセルB2のRangeオブジェクトが代入される

ここがポイント

■ オブジェクトの代入にはSetステートメントが必須

実行時エラー424は、オブジェクトが代入されていない変数に、TextやValueなどのプロパティを使用した際に発生します。Setステートメントで変数にオブジェクトを代入することで、実行時エラーを解消できます。

CODE 0429

ActiveX コンポーネントは オブジェクトを作成できません。

エラーの意味

このエラーは、CreateObject関数に誤った引数を指定すると発生する実行時エラーです（オブジェクト…314ページ、関数…334ページ）。

■ 考えられる原因

1 CreateObject関数の引数に誤ったオブジェクト名を指定した

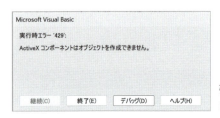

引数に正しい名前が指定できていないときに発生するエラーです。

エラー例

CreateObject関数の引数に誤ったオブジェクト名を指定した

1	`Sub ExcelからWordのファイルを開く()`
2	`  Dim word, doc`
3	`  Dim filename As String`
4	`  Set word = CreateObject("Word")`
5	`  filename = ThisWorkbook.Path & "¥err429¥請求書.docx"`
6	`  Set doc = word.Documents.Open(filename)`
7	`  word.Visible = True`
8	`End Sub`

1	Subプロシージャ「ExcelからWordのファイルを開く」を開始する
2	Variant型の変数「word」「doc」を宣言する

3	String型の変数「filename」を宣言する
4	Wordを操作するためにCreateObject関数でWordのオブジェクトを作成する。**引数に指定したアプリ名が誤っている**ため、実行時エラー429が発生する
5	開きたいファイルのパスを構築し、変数「filename」に代入する
6	Wordで変数「filename」のファイルを開き、オブジェクトを変数「doc」に代入する
7	変数「word」のVisibleプロパティにTrueを代入し、Wordのウィンドウを表示する
8	Subプロシージャ「ExcelからWordのファイルを開く」を終了する

修正例

正しいオブジェクト名を入力する

```
1  Sub ExcelからWordのファイルを開く()
2    Dim word, doc
3    Dim filename As String
4    Set word = CreateObject("Word.Application")
5    filename = ThisWorkbook.Path & "\err429\請求書.docx"
6    Set doc = word.Documents.Open(filename)
7    word.Visible = True
8  End Sub
```

修正箇所

4	Wordを操作するためにCreateObject関数でWordのオブジェクトを作成する。正しいオブジェクト名（Word.Application）に修正することで、エラーが発生することなくWordのファイルを開ける

ここがポイント

■ 引数のアプリ名を確認しよう

Excel VBAでWordやPowerPointのファイルを開くには、CreateObject関数で対象アプリのオブジェクトを作成し、各種メソッドを実行します。実行時エラー429は、このCreateObject関数の引数に誤ったアプリ名を指定したときなどに発生します。正しい名前に修正することでエラーが解消されます。

ExcelからWordのファイルを開くことができました。

オブジェクトの名前

CreateObject関数で作成できるオブジェクトには次のような種類があります。

アプリ	オブジェクトの名前
Access	Access.Application
Excel	Excel.Application
Word	Word.Application
PowerPoint	PowerPoint.Application
Outlook	Outlook.Application

CODE 0438

オブジェクトは、このプロパティまたはメソッドをサポートしていません。

エラーの意味

このエラーは、操作中のオブジェクトに対し、存在しないプロパティやメソッドにアクセスしたときに発生する実行時エラーです（オブジェクト...314ページ）。

■ 考えられる原因

1. 存在しないプロパティを操作した
2. 存在しない既定のプロパティを使った

誤ったプロパティやメソッドを指定すると表示されるエラーです。エラーの原因は、その多くが単純な入力ミスです。

エラー例①

存在しないプロパティを操作した

```
1  Sub タイトルを設定する()
2    Dim rng As Range
3    Set rng = ThisWorkbook.Worksheets(1).Cell(1, 1)
4    rng.Caption = "請求書 10月"
5  End Sub
```

1. Subプロシージャ「タイトルを設定する」を開始する
2. Range型のオブジェクト変数「rng」を宣言する

3	マクロを実行しているブックの1つ目のシートから、セルA1を取り出し、オブジェクト変数「rng」に代入する。ここでプロパティ名「Cell」が誤っていたため、実行時エラー438が発生する
4	オブジェクト変数「rng」のCaptionプロパティに文字列を代入し、A1セルにテキストを入力する。RangeオブジェクトにCaptionプロパティは存在しないため、実際にはここでも実行時エラー438が発生してしまう
5	Subプロシージャ「タイトルを設定する」を終了する

修正例①
正しいプロパティ名を入力する

```
1  Sub タイトルを設定する()
2      Dim rng As Range
3      Set rng = ThisWorkbook.Worksheets(1).Cells(1, 1)
4      rng.Value = "請求書 10月"
5  End Sub
```

修正箇所

3	マクロを実行しているブックの1つ目のシートから、セルA1を取り出し、オブジェクト変数「rng」に代入する。誤っていたプロパティ名を修正した
4	RangeオブジェクトにCaptionプロパティは存在しないため、Valueプロパティに修正する。これで、A1セルに指定した文字列が入力される

コードを修正して実行すると、セルA1に文字列が挿入されます。

ここがポイント

■ プロパティ名の綴りを確認しよう

実行時エラー438は、RangeやWorksheet、Workbookなどのオブジェクトから、存在しないプロパティにアクセスしようとした際に発生します。プロパティの名前を間違えると発生します。エラーが発生した箇所で正しいプロパティ名に修正すれば、エラーを解消できます。

エラー例①では、Rangeオブジェクトの「Cells」プロパティを「Cell」と誤記入しているところでエラーが発生します。

エラー例②

存在しない既定のプロパティを使った

1	Sub シートの名前を変更する()
2	[Tab] Dim wb As Workbook
3	[Tab] Dim i As Integer
4	[Tab] Set wb = ThisWorkbook
5	[Tab] For i = 1 To wb.Worksheets.Count
6	[Tab][Tab] wb.Worksheets(i) = "2024年" & i & "月"
7	[Tab] Next i
8	End Sub

1	Subプロシージャ「シートの名前を変更する」を開始する
2	Workbook型のオブジェクト変数「wb」を宣言する
3	Integer型の変数「i」を宣言する
4	マクロを実行しているブックを、オブジェクト変数「wb」に代入する
5	変数「i」が1から全シート数になるまで、以下の処理を繰り返す（For Nextステートメントの開始）
6	シート名を変更するため、オブジェクト変数「wb」のWorksheetsコレクションから変数「i」番号目のWorksheetオブジェクトを取り出し、文字列を代入する。ところが**Worksheetオブジェクトに対して誤って文字列を代入**しているため、実行時エラー438が発生する
7	次のループに移行する
8	Subプロシージャ「シートの名前を変更する」を終了する

修正例②
適切なプロパティ名を指定する

```
1  Sub シートの名前を変更する()
2    Dim wb As Workbook
3    Dim i As Integer
4    Set wb = ThisWorkbook
5    For i = 1 To wb.Worksheets.Count
6      wb.WorkSheets(i).Name = "2024年" & i & "月"
7    Next i
8  End Sub
```

6 Worksheet オブジェクトに Name プロパティを付与する。これにより、文字列を代入するとシート名が変更されるようになる

ここがポイント

■ プロパティ名までしっかり記述しよう

Range などの一部のオブジェクトには、オブジェクトを記述するだけで参照できる「既定のプロパティ」が設定されています。プロパティ名を明記しなくても、オブジェクト単体だけでそのプロパティを参照できます（具体例は次ページのコラムを参照してください）。

ところが、Workbook オブジェクトや WorkSheet オブジェクトに対して同様の操作を行うと実行時エラー 438 が発生します。これは、これらのオブジェクトに既定のプロパティが設定されていないためです。

サンプルコードのようにオブジェクトに続けてプロパティ名を記述することでエラーを解消できます。

修正したマクロを実行すると、シート名が図のように変更されます。

既定のプロパティが適切に動作する例

Rangeオブジェクトは引数を指定しない場合はValue、引数を指定する場合はItemと同様の働きをする「_Default」が既定のプロパティとして定義されています。そのため、次のコードのようにオブジェクトに直接文字列や数値を代入した場合でも、セルに値を入力できます。

```
1  Sub タイトルを設定する()
2      Dim rng As Range
3      Set rng = ThisWorkbook.Worksheets(1).Cells(1, 1)
4      rng = "請求書 10月"
5  End Sub
```

1	Subプロシージャ「タイトルを設定する」を開始する
2	Range型のオブジェクト変数「rng」を宣言する
3	現在操作しているワークブックの1つ目のシートからA1セルを取り出し、オブジェクト変数「rng」に代入する
4	オブジェクト変数「rng」に文字列を代入することで、セルA1に文字列を入力する
5	Subプロシージャ「タイトルを設定する」を終了する

CODE 451

Property Let プロシージャが定義されておらず、Property Get プロシージャからオブジェクトが返されませんでした。

エラーの意味

このエラーは主に、ディクショナリのデータを作成し、そこからキー、アイテムの一覧を取り出す際に誤った操作を行うと発生する実行時エラーです（プロシージャ...310ページ、オブジェクト...314ページ）。

■ 考えられる原因

1 ディクショナリのデータを誤った方法で操作した

Keysメソッド、Itemsメソッドに引数を指定すると実行時エラーが発生します。

エラー例

ディクショナリのデータを誤った方法で操作した

```
1  Sub 辞書からデータを抽出()
2    Dim dic As Object
3    Set dic = CreateObject("Scripting.Dictionary")
4    dic.Add "001", "色鉛筆"
5    dic.Add "002", "ノート"
6    Debug.Print dic("001")
7    Debug.Print dic.Keys(0), dic.Items(1)
8  End Sub
```

1	Subプロシージャ「辞書からデータを抽出」を開始する
2	Object型の変数「dic」を宣言する
3	CreateObject関数でディクショナリのオブジェクトを作成し、変数「dic」に代入する
4	ディクショナリの変数「dic」からAddメソッドを実行し、キーと値のセットをディクショナリに追加する
5	ディクショナリの変数「dic」からAddメソッドを実行し、キーと値のセットをもう1つディクショナリに追加する
6	ディクショナリの変数「dic」から、キーが「001」の値を抽出し、イミディエイトウィンドウに出力する。
7	ディクショナリの変数「dic」からKeysメソッド、Itemsメソッドに引数を指定し、キーと値を取り出す。しかし、**Keysメソッド、Itemsメソッドには引数を指定できない**ため、実行時エラー451が発生する
8	Subプロシージャ「辞書からデータを抽出」を終了する

修正例

Keys、Itemsメソッドには引数を指定しない

```
1  Sub 辞書からデータを抽出()
2    Dim dic As Object
3    Set dic = CreateObject("Scripting.Dictionary")
4    dic.Add "001", "色鉛筆"
5    dic.Add "002", "ノート"
6    Debug.Print dic("001")
7    Debug.Print dic.Keys()(0), dic.Items()(1)
8  End Sub
```

修正箇所

7	ディクショナリの変数「dic」のKeysメソッドには引数を指定せず、その戻り値に対して引数を指定して値を取り出す。Itemsメソッドも Keysと同様に引数を指定せず、その戻り値に対して引数を指定して値を取り出す

```
イミディエイト
色鉛筆
001            ノート
```

修正したマクロを実行すると、ディクショナリの0番目のキーと、1番目の値がイミディエイトウィンドウに出力されます。

ここがポイント

■ 戻り値に対して番号を指定する

実行時エラー451は、主にディクショナリのデータを操作するときに発生します。このサンプルコードでは、ディクショナリからキーの一覧、値の一覧を取り出すKeysメソッド、Itemsメソッドに引数を指定した際に実行時エラーが発生しています。これらのメソッドは引数を取ることができず、戻り値の配列に対してインデックスを指定することで、特定の値を取り出します（配列...327ページ）。

ディクショナリとは

ディクショナリは、キーと値のペアを格納し、キーを使用して目的の値にアクセスできるデータ構造です。コレクションと似ていますが、ディクショナリは各キーが一意、キーの指定が必須といった違いがあります。他のプログラミング言語では「連想配列」と呼ばれることもあります。

■ **Dictionary**（連想配列）**オブジェクト**

CODE 0453

エントリ○○がDLLファイル××内に見つかりません。

エラーの意味

このエラーは、VBAコードでダイナミックリンクライブラリ（DLL）を呼び出したときに、指定された関数やリソースがそのDLL内に存在しない場合に発生する実行時エラーです（関数…334ページ）。

■ 考えられる原因

1 Declareステートメントで呼び出した関数が、指定したDLL内に存在しない

実際のエラーメッセージには、Declareステートメントで指定した関数名やDLLの名前が表示されます。

エラー例

存在しない関数を呼び出した

1	`Declare PtrSafe Function SetWindowPosition Lib "user32.dll" (ByVal hWnd As LongPtr, ByVal hWndInsertAfter As LongPtr, ByVal X As Long, ByVal Y As Long, ByVal cx As Long, ByVal cy As Long, ByVal uFlags As Long) As Long`
2	`Sub ウィンドウ位置とサイズを設定()`
3	`[Tab] Dim hWnd As LongPtr`
4	`[Tab] hWnd = Application.hWnd`

| 5 | [Tab] SetWindowPosition hWnd, 0, 0, 0, 800, 600, 0 [↵] |
| 6 | End Sub [↵] |

1	Declareステートメントでuser32.dllからSetWindowPos関数を、VBAのモジュール内で使用できるように設定する。この関数はウィンドウのサイズと位置を変更する機能を持つ。ここでは、この関数の名前を誤って、「SetWindowPosition」と記述している。
2	Subプロシージャ「ウィンドウ位置とサイズを設定」を開始する
3	LongPtr型の変数「hWnd」を宣言する
4	最前面で使用しているウィンドウの情報を取得し、変数「hWnd」に代入する
5	SetWindowPosition関数でウィンドウのサイズと位置を変更する。しかし、**SetWindowPosition関数は実際には存在しない関数**のため、実行時エラー453が発生する
6	Subプロシージャ「ウィンドウ位置とサイズを設定」を終了する

修正例

正しい関数名を入力する

1	Declare PtrSafe Function SetWindowPos Lib "user32.dll" (ByVal hWnd As LongPtr, ByVal hWndInsertAfter As LongPtr, ByVal X As Long, ByVal Y As Long, ByVal cx As Long, ByVal cy As Long, ByVal uFlags As Long) As Long [↵]
2	Sub ウィンドウ位置とサイズを設定() [↵]
3	[Tab] Dim hWnd As LongPtr [↵]
4	[Tab] hWnd = Application.hWnd [↵]
5	[Tab] SetWindowPos hWnd, 0, 0, 0, 800, 600, 0 [↵]
6	End Sub [↵]

修正箇所

| 1 | Declareステートメントでuser32.dllからSetWindowPos関数を、VBAのモジュール内で使えるように設定する。誤っていた関数名を正しい「SetWindowPos」に修正した |
| 6 | 12 SetWindowPos関数でウィンドウのサイズと位置を変更する。正しい関数名に変更したことにより、エラーが発生することなく処理が実行される |

修正したマクロを実行すると、Excelのウィンドウのサイズと位置が調整されます。

ここがポイント

■ 関数名が正しいか確認しよう

実行時エラー453は、Excel外部のダイナミックリンクライブラリ(DLL)内の関数を呼び出すDeclareステートメントで、呼び出した関数に誤りがある場合に発生する実行時エラーです。

Declareステートメントは、主にWindows APIや他の外部ライブラリの関数を利用する際に必要で、VBAの機能を拡張し、より高度な操作を可能とします。DLLから呼び出す関数や引数は、VBEでの入力補助にも対応していないため、ヘルプページなどを確認しつつ正しい関数名に修正しましょう。

Declareステートメントエラーになる場合

AIが提案するDeclareステートメントをそのままVBAで実行するとエラーになることがあります。これは64bit版のOfficeでは「PtrSafe」を必ず記述する必要があるためです。次のコードでエラーになる場合は、Declareの後ろに「PtrSafe」を追記しましょう。

エラー例

1	`Declare Function XXXX Lib "XYZ.dll" As Long` ↵
1	DeclareステートメントでXYZ.dllからXXXX関数を、VBAのモジュール内で使えるように設定する。64bit版のExcelでは、コンパイルエラーが発生する

修正例

1	`Declare PtrSafe Function XXXX Lib "XYZ.dll" As Long` ↵

修正箇所

1	Functionの前にPtrSafeを追記することで、64bit版のExcelでも外部DLLから関数を読み込めるようになる

CODE 0457 このキーは既にこのコレクションの要素に割り当てられています。

エラーの意味

このエラーは、コレクションオブジェクトに重複するキーを追加すると発生する実行時エラーです（オブジェクト、コレクション...314ページ）。

■ 考えられる原因

1 コレクションにすでに存在するキーを追加した

コレクションに重複するキーを追加すると、実行時エラーが発生します。

エラー例

コレクションにすでに存在するキーを追加した

1	Sub␣顧客情報を上書き登録() ⏎
2	[Tab] Dim␣顧客コレクション␣As␣New␣Collection ⏎
3	[Tab] 顧客コレクション.Add␣"東京都␣渋谷区",␣"C001" ⏎
4	[Tab] Debug.Print␣顧客コレクション␣.Item("C001") ⏎
5	[Tab] 顧客コレクション.Add␣"大阪府␣大阪市",␣"C001" ⏎
6	[Tab] Debug.Print␣顧客コレクション.Item("C001") ⏎
7	End␣Sub ⏎

| 1 | Subプロシージャ「顧客情報を登録」を開始する |
| 2 | Collection型の変数「顧客コレクション」を宣言する |

3	変数「顧客コレクション」に、値が「東京都渋谷区」、キーに「C001」の要素を追加する
4	変数「顧客コレクション」からキーが「C001」の値を取り出し、イミディエイトウィンドウに出力する
5	変数「顧客コレクション」に、値が「大阪府 大阪市」、キーに「C001」の要素を追加する。すでに同じキーの「C001」がコレクションにあるため、実行時エラーが発生する
6	変数「顧客コレクション」からキーが「C001」の値を取り出し、イミディエイトウィンドウに出力する。本来はここで「大阪府 大阪市」が出力されることを想定している
7	Subプロシージャ「顧客情報を登録」を終了する

修正例

いったん要素を削除してから再追加する

1	Sub_顧客情報を上書き登録()↵
2	[Tab] Dim_顧客コレクション_As_New_Collection↵
3	[Tab] 顧客コレクション.Add_"東京都_渋谷区",_"C001"↵
4	[Tab] Debug.Print_顧客コレクション.Item("C001")↵
5	[Tab] 顧客コレクション.Remove_"C001"↵
6	[Tab] 顧客コレクション.Add_"大阪府_大阪市",_"C001"↵
7	[Tab] Debug.Print_顧客コレクション.Item("C001")↵
8	End_Sub↵

修正箇所

5	Removeメソッドでキー「C001」の要素をいったん削除する
6	Addメソッドで、コレクションに値が「大阪府 大阪市」、キーに「C001」の要素を追加する。今回は重複するキーがないため、新しい要素を追加できる

```
イミディエイト
東京都 渋谷区
大阪府 大阪市
```

修正したコードを実行するとコレクションからキーが「C001」の要素をイミディエイトウィンドウに2回出力します。一度目と二度目で出力結果が変わっていることがわかります

ここがポイント

■ **重複するキーは追加できない**

コレクションとは、同じ種類のオブジェクトをまとめて扱うためのオブジェクトです。VBAでよく目にするWorkbooksやWorkSheetsなども、ブックやシートを扱うためのコレクションです。コレクションを使うと、複数の要素に対して一度に操作したり、繰り返し処理を簡単に実行したりできます。

実行時エラー457は、コレクションにすでに存在するキーを新たに加えると発生します。同じキーの値を更新したいときは、修正例のようにRemoveメソッドで対象のキーを持つ要素を一度削除し、その後Addメソッドで要素を追加します(繰り返し処理…343ページ)。

CODE 0462 リモート サーバーがないか、使用できる状態ではありません。

エラーの意味

このエラーは、主にVBAで他のアプリを操作する際に、オブジェクトへの参照が失われた場合に発生する実行時エラーです（オブジェクト … 314ページ）。

■ 考えられる原因

1. 操作対象のアプリのオブジェクトを開放した
2. 操作対象のアプリが応答していない、クラッシュしている

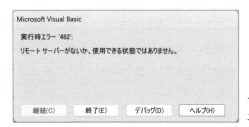

マクロを実行すると、実行時エラーが発生します。

エラー例

操作対象のアプリのオブジェクトを開放した

```
1  Sub ワードファイルを作成する()
2      Dim objWord As Object
3      Set objWord = CreateObject("Word.Application")
4      objWord.Documents.Add
5      objWord.Visible = True
6      Dim objSelection As Object
7      Set objSelection = objWord.Selection
```

```
 8  [Tab] objWord.Quit [↵]
 9  [Tab] Set␣objWord␣=␣Nothing [↵]
10  [Tab] objSelection.TypeText␣"Hello,␣World!" [↵]
11  End␣Sub [↵]
```

1	Subプロシージャ「ワードファイルを作成する」を開始する
2	Object型の変数「objWord」を宣言する
3	CreateObject関数でWordを操作するためのオブジェクトを作成し、変数「objWord」に代入する
4	Wordで新しいファイルを作成する
5	Wordのウィンドウを表示する
6	Object型の変数「objSelection」を宣言する
7	Wordファイルで選択範囲をオブジェクトとして取得し、変数「objSelection」に代入する
8	VBAで操作していたWordを終了する
9	変数「objWord」に代入していたWordのオブジェクトを開放する
10	WordのSelectionオブジェクトに文字を入力する。ところが、**Wordのオブジェクトはすでに開放されている**ため、実行時エラー462が発生する
11	Subプロシージャ「ワードファイルを作成する」を終了する

修正例
処理が終わってからオブジェクトを開放する

```
 1  Sub␣ワードファイルを作成する() [↵]
 2  [Tab] Dim␣objWord␣As␣Object [↵]
 3  [Tab] Set␣objWord␣=␣CreateObject("Word.Application") [↵]
 4  [Tab] objWord.Documents.Add [↵]
 5  [Tab] objWord.Visible␣=␣True [↵]
 6  [Tab] Dim␣objSelection␣As␣Object [↵]
 7  [Tab] Set␣objSelection␣=␣objWord.Selection [↵]
 8  [Tab] objSelection.TypeText␣"Hello,␣World!" [↵]
 9  [Tab] objWord.Quit [↵]
10  [Tab] Set␣objWord␣=␣Nothing [↵]
11  [Tab] Set␣objSelection␣=␣Nothing [↵]
```

```
12 | End␣Sub ⏎
```

修正箇所

| 8 | コードの並び順を変更し、WordのSelectionオブジェクトに文字列を入力する。今回はWordを終了する前に記述したため、エラーが発生することなく処理が行われる |
| 9 | Selectionオブジェクトへの文字の入力後にWordを終了する |

修正したマクロを実行すると、Wordファイルに「Hello, World!」と文字が入力されます。続けてアプリの終了を命令しているため、ファイルを保存する画面が表示されます。

ここがポイント

■ オブジェクトを解放する順番に注意する

VBAでWord、PowerPoint、Outlookなどの他のアプリを操作する際に、実行時エラー462が発生することがあります。このエラーは、アプリのオブジェクトを誤って解放した後、そのオブジェクトに関連する操作を続けると起こります。アプリの操作をすべて完了してから、オブジェクトを解放するように修正しましょう。

CODE 0481

ピクチャが不正です。

エラーの意味

このエラーは、LoadPicture関数で、対応しない形式の画像を読み込むと発生する実行時エラーです（関数...334ページ）。

■ 考えられる原因

1 対応しない形式の画像をフォームに読み込んだ

PNGなどの対応していない形式の画像を読み込むと発生するエラーです。

エラー例

対応しない形式の画像をフォームに読み込んだ

```
1  Private Sub UserForm_Initialize()
2      Dim path As String
3      path = ThisWorkbook.path & "image-err481.png"
4      Image1.Picture = LoadPicture(path)
5  End Sub
```

1	Subプロシージャ「UserForm_Initialize」を開始する。このプロシージャは、ユーザフォームを起動する際、自動で呼び出されフォームの初期設定を行う。記述されている処理が実行されてからフォームが起動する
2	String型の変数「path」を宣言する
3	PNG形式の画像ファイルのパスを作成し、変数「path」に代入する

4	ユーザーフォームの画像コントロール「Image1」に、変数「path」の画像を読み込んで表示させる。ところが、**画像を読み込むLoadPicture関数はPNG形式に対応していない**ため、実行時エラー481が発生する
5	Subプロシージャ「UserForm_Initialize」を終了する

フォームを呼び出す際は、マクロ「エラー例_form」「修正例_form」を実行します。コードの内容を確認するには、VBEでフォームモジュールを開き、F7 キーを押します。

修正例
対応する形式で画像を準備する

```
1  Private Sub UserForm_Initialize()
2    Dim path As String
3    path = ThisWorkbook.path & "image-err481.jpg"
4    Image1.Picture = LoadPicture(path)
5  End Sub
```

修正箇所

3	変数「path」に**ICO形式の画像ファイル**のパスを代入する
4	ユーザーフォームの画像コントロール「Image1」に、変数「path」の画像を読み込む。今回はJPG形式の画像ファイルのため、エラーが発生することなく画像を読み込むことができる

ここがポイント

■ PNG形式の画像は読み込めない

実行時エラー481は、画像を読み込むLoadPicture関数で、VBAが対応しない画像を読み込んだときに発生します。対応する画像形式はBMP、CUR、GIF、ICO、JPG、WMFの6種類となっており、一般的に使われているPNGには対応しません。

CODE 1004

アプリケーション定義または オブジェクト定義のエラーです。

エラーの意味

このエラーは、各種メソッドの実行に失敗したときに発生する実行時エラーです。発生する理由が多様なため、ここではよく起こる例をいくつか紹介します。エラーの内容によって表示されるメッセージも変わります（オブジェクト... 314 ページ）。

■ 考えられる原因

1. Cells プロパティで引数の指定方法を誤った
2. 別シートのセルを選択しようとして失敗した
3. 列・行全体を選択していない状態で長さを自動調整した
4. 未入力のセルにソートを実行しようとした
5. 存在しないブックや画像を開いたり読み込んだりした
6. 列の幅を誤って文字列で指定した

表示されるメッセージはエラーによって変わります

実行時エラーが発生すると、左のようなメッセージが表示されます。

エラー例①

Cells プロパティで引数の指定方法を誤った

```
1  Sub␣セルを選択する()␣
```

2	`[Tab] Dim␣x␣As␣Integer ↵`
3	`[Tab] Dim␣ws␣as␣WorkSheet ↵`
4	`[Tab] Set␣ws␣=␣ThisWorkbook.Worksheets(1) ↵`
5	`[Tab] MsgBox␣ws.Cells(x,␣1) ↵`
6	`End␣Sub ↵`

1	Subプロシージャ「セルを選択する」を開始する
2	Integer型の変数「x」を宣言する
3	WorkSheet型のオブジェクト変数「ws」を宣言する
4	現在マクロを実行しているブックの1つ目のシートを取り出し、オブジェクト変数「ws」に代入する
5	オブジェクト変数「ws」のCellsプロパティで特定のセルの値を取り出し、メッセージボックスで出力する。ところが、**変数「x」に値が何も代入されていないため、不適切な引数**となり、実行時エラー1004が発生する
6	Subプロシージャ「セルを選択する」を終了する

修正例①

Cellsプロパティに適切な数値を指定する

1	`Sub␣セルを選択する_修正案() ↵`
2	`[Tab] Dim␣x␣As␣Long ↵`
3	`[Tab] x␣=␣1 ↵`
4	`[Tab] Dim␣ws␣as␣WorkSheet ↵`
5	`[Tab] Set␣ws␣=␣ThisWorkbook.Worksheets(1) ↵`
6	`[Tab] MsgBox␣ws.Cells(x,␣1) ↵`
7	`End␣Sub ↵`

修正箇所

3	変数「x」に1を代入する
6	オブジェクト変数「ws」のCellsプロパティで特定のセルの値を取り出し、メッセージボックスで出力する。変数「x」に1が代入されているため、A1セルの値が取り出される

修正したマクロを実行すると、セルA1に入力されている値がメッセージボックスで表示されます。

ここがポイント

■ 適切な引数を指定する

Cellsプロパティは、第1引数に行番号、第2引数に列番号を数値で指定することで、特定のセルのRangeオブジェクトを取得します。このとき、引数に文字列や1未満の数値を指定すると、実行時エラー1004が発生します。特に、数値型の変数を宣言し、値を代入していない場合は初期値の0が設定され、エラーの原因となります。エラーが発生したときは、変数に適切な数値が入力されているか確認しましょう（変数...319ページ）。

エラー例②

別シートのセルを選択した

```
1  Sub 指定シートのセルを選択()
2    Dim ws As Worksheet
3    Set ws = Worksheets("Sheet1")
4    ws.Range("A1").Select
5  End Sub
```

1	Subプロシージャ「指定シートのセルを選択」を開始する
2	Worksheet型のオブジェクト変数「ws」を宣言する
3	現在マクロを実行しているブックの「Sheet1」シートを取り出し、オブジェクト変数「ws」に代入する
4	オブジェクト変数「ws」のA1セルをSelectメソッドで選択する。このとき、「Sheet1」シート以外のシートを開いた状態でこのマクロを実行していると、表示していないシートのセルは選択できないため、実行時エラー1004が発生する

5	Subプロシージャ「指定シートのセルを選択」を終了する

Sheet2を開いている状態で、このマクロを実行すると、左のような実行時エラーが発生します。

修正例②
選択対象のシートを事前に開く

1	Sub_指定シートのセルを選択_修正案()
2	[Tab] Dim_ws_As_Worksheet
3	[Tab] Set_ws_=_Worksheets("Sheet1")
4	[Tab] ws.Activate
5	[Tab] ws.Range("A1").Select
6	End_Sub

修正箇所

4	オブジェクト変数「ws」にActivateメソッドで、操作したいシートをあらかじめ開いておく
5	オブジェクト変数「ws」のA1セルをSelectメソッドで選択する。このように先にシートを開く操作を追加しておくと、Selectメソッドでエラーが発生することを避けられる

修正したマクロを実行すると、Sheet1のセルA1が選択されます。

ここがポイント

■ シートを開いてからセルを選択する

セルを選択するRangeオブジェクトのSelectメソッドは、対象のシートを開いた状態でないと実行時エラー1004が発生します。エラーを防ぐには、WorksheetオブジェクトのActivateメソッドで先に対象のシートを開いておきます。複数のシートを行き来するマクロでエラーが発生した際は、対象のシートを開いてから選択しているか確認しましょう。

エラー例③

列・行全体を選択しない状態で長さを自動調整した

1	Sub 列幅を自動設定()
2	Dim rng As Range
3	Set rng = Worksheets("Sheet2").Range("A1:F5")
4	rng.AutoFit
5	End Sub

1	Subプロシージャ「列幅を自動設定」を開始する
2	Range型のオブジェクト変数「rng」を宣言する
3	現在マクロを実行しているブックの「Sheet2」シートを取り出し、A1:F5セルをオブジェクト変数「rng」に代入する
4	オブジェクト変数「rng」に列幅の自動設定を行う。ここで、**列全体・行全体を選択していない状態でAutoFitを実行する**と、実行時エラー1004が発生する
5	Subプロシージャ「列幅を自動設定」を終了する

AutoFitメソッドで実行時エラーが発生すると、左のようなメッセージが表示されます。

修正例③
行全体・列全体を選択してからメソッドを実行する

```
1  Sub 列幅を自動設定_修正例()
2    Dim rng As Range
3    Set rng = Range("A1:F5")
4    rng.Columns.AutoFit
5  End Sub
```

修正箇所

4 オブジェクト変数「rng」のColumnsメソッドで、操作したい列全体を取り出す。この戻り値（AからFの列全体）に対してAutoFitメソッドを実行することで、列幅の自動調整が行われる

ここがポイント

■ 行・列全体を選択してから実行する

RangeオブジェクトのAutoFitメソッドは、列幅、もしくは行高の自動調整を行います。このメソッドを使用するときは行全体もしくは列全体のどちらかを選択する必要があります。サンプルコードのように、セル範囲を指定して実行すると、実行時エラー1004が発生します。行全体を選択したいときはRowsプロパティ、列全体を選択したいときはColumnsプロパティを使用し、その戻り値に対してAutoFitメソッドを実行します。

その他のエラー例

ここまで紹介した例以外にも、さまざまなパターンで実行時エラー1004は発生します。ここでは、その他のエラー例を簡単に紹介します。

エラー例④
存在しないブックを開いた

1	Sub␣ブックを開く()⏎
2	[Tab] Workbooks.Open␣"C:¥test.xls"⏎
3	End␣Sub⏎

1	Subプロシージャ「ブックを開く」を開始する
2	WorkbooksコレクションのOpenメソッドで、引数に指定したExcelファイルを開く。このとき、引数に指定したパスにExcelファイルが存在しないと、実行時エラー1004が発生する
3	Subプロシージャ「ブックを開く」を終了する

Workbooks.Openで実際には存在しないExcelファイルを開くと、実行時エラー1004が発生します。

修正例④
パスを指定し直す

1	Sub␣ブックを開く()⏎
2	[Tab] Workbooks.Open␣ThisWorkbook.Path␣&␣"¥test.xlsx"⏎
3	End␣Sub⏎

2	Excelファイルが存在する場所にパスを指定し直すことで、実行時エラーを解消できる

エラー例⑤
存在しない画像を挿入した

```
1  Sub 画像を挿入する()
2    Dim ws As Worksheet
3    Set ws = Worksheets("Sheet3")
4    ws.Pictures.Insert "C:\test.jpg"
5  End Sub
```

1	Subプロシージャ「画像を挿入する」を開始する
2	Worksheet型のオブジェクト変数「ws」を宣言する
3	マクロを実行しているブックのWorksheetsコレクションから「Sheet3」シートを取り出し、オブジェクト変数「ws」に代入する
4	オブジェクト変数「ws」のPicturesメソッドでWorkbooksコレクションのInsertメソッドで、引数に指定したExcelファイルを開く。このとき、**引数に指定したパスにExcelファイルが存在しない**と、実行時エラー1004が発生する
5	Subプロシージャ「ブックを開く」を終了する

WorksheetオブジェクトのPictures.Insertメソッドで、実際には存在しない画像を挿入すると、実行時エラー1004が発生します。

修正例⑤
パスを指定し直す

```
1  Sub 画像を挿入する()
2    Dim ws As Worksheet
3    Set ws = Worksheets("Sheet3")
4    ws.Pictures.Insert ThisWorkbook.Path & "\test.jpg"
5  End Sub
```

4	画像ファイルが存在する場所にパスを指定し直すことで、実行時エラーを解消できる

エラー例⑥

未入力のセルを並べ替えた

```
1  Sub 並べ替える()
2      Dim rng As Range
3      Set rng = Worksheets("Sheet3").Range("A1:E10")
4      rng.Sort
5  End Sub
```

1	Subプロシージャ「並べ替える」を開始する
2	Range型のオブジェクト変数「rng」を宣言する
3	アクティブなブックのWorksheetsコレクションから「Sheet3」シートを取り出し、セル範囲A1:E20を、オブジェクト変数「rng」に代入する
4	オブジェクト変数「rng」を並べ替えるSortメソッドを実行する。このとき、対象のセル（A1:B5セル）に値が入力されていないと、実行時エラー1004が発生する
5	Subプロシージャ「並べ替える」を終了する

何も入力されていないセルのRangeオブジェクトに対して、並べ替えを行うSortメソッドを実行すると、実行時エラー1004が発生します。コード自体に誤りはないので、対象範囲にデータを入力してから実行し直すことで、実行時エラーを解消できます。

エラー例⑦

列幅・行幅を文字列で指定した

```
1  Sub 列の幅を数値で指定する()
2      Dim rng As Range
3      Set rng = Worksheets("Sheet3").Range("A1:E10")
4      rng.ColumnWidth = "20pt"
5  End Sub
```

1	Subプロシージャ「列の幅を数値で指定する」を開始する

2	Range型のオブジェクト変数「rng」を宣言する
3	アクティブなブックのWorksheetsコレクションから「Sheet3」シートを取り出し、セル範囲A1:E20を、オブジェクト変数「rng」に代入する
4	3行目のコードの続き。1行目・1列目のセル（A1セル）から10行目・2列目のセル（B5セル）までをセル範囲として取り出し、オブジェクト変数「ws」に代入する
5	オブジェクト変数「rng」の列幅を指定するColumnWidthプロパティに、文字列の「20pt」を代入する。このとき、ColumnWidthプロパティに適切な数値以外の値を指定すると、実行時エラー1004が発生する
6	Subプロシージャ「列の幅を数値で指定する」を終了する

列幅を指定するRangeオブジェクトのColumnWidthプロパティに対し、文字列など不適切な値を代入すると、実行時エラー1004が発生します。行の高さを設定するRowHeightプロパティでも同様のエラーが発生します。

修正例⑦
数値のみを記述する

1	Sub␣列の幅を数値で指定する()⏎
2	[Tab]Dim␣rng␣As␣Range⏎
3	[Tab]Set␣rng␣=␣Worksheets("Sheet3").Range("A1:E20")⏎
4	[Tab]rng.ColumnWidth␣=␣20⏎
5	End␣Sub⏎

4	ColumnWidthプロパティに代入する値を数値に変更する。これにより実行時エラーが解消できる

第 4 章

エラー解決力を高める
VBAリファレンス

この章では、エラー解決にも役立つVBAの基礎的な知識を解説します。エラーの解説を読んでいて、分からない用語や概念が出てきたときに活用してください。

KEYWORD 01 プロシージャと構成する要素

プロシージャとは

プロシージャとは、複数のコードを1つの処理単位としてまとめ、プログラムとして実行できるようにしたものです。Excelでマクロを実行する際も、このプロシージャ単位で呼び出します。

Excel VBAのプロシージャには、主に「**Subプロシージャ**」「**Functionプロシージャ**」の2種類があります。それぞれの特徴を理解しておきましょう。

■ Subプロシージャ

Subプロシージャは値を返さずに処理を実行するプロシージャで、「Sub ... End Sub」の形式で定義します。主にメッセージの表示やセルの書き換えなど、「何らかの動作」を指示するために使われ、呼び出し元に値を返す必要がない場合に利用します。

Subプロシージャの例

```
1  Sub セルA1に今日の日付を自動入力()
2      Range("A1").Value = Date
3      MsgBox "セルA1に今日の日付を入力しました！"
4  End Sub
```

1. Subプロシージャ「セルA1に今日の日付を自動入力」を開始する
2. Date関数で今日の日付を表すデータを取り出し、セルA1に入力する
3. メッセージボックスに指定の文字列を出力する
4. Subプロシージャ「セルA1に今日の日付を自動入力」を終了する

■ **Functionプロシージャ**

Functionプロシージャは処理を実行し、結果の値を返すプロシージャです。「Function ... End Function」の形式で定義し、プロシージャ名の後ろに結果となる値のデータ型を指定します。関数では、計算結果や処理結果をプロシージャ名に代入することで値を返します。

Functionプロシージャの例

1	`Function 数値を合計(a As Integer, b As Integer) As Integer` ↵
2	`[Tab] 数値を合計 = a + b` ↵
3	`End Function` ↵
4	`Sub 計算を実行する()` ↵
5	`[Tab] val = Call 数値を合計(10, 5)` ↵
6	`[Tab] MsgBox val` ↵
7	`End Sub` ↵

1	Functionプロシージャ「数値を合計」を開始する。引数は数値型のaとbとし、戻り値は数値型とする
2	引数のaとbを合計し、戻り値の「数値を合計」に代入する
3	Functionプロシージャ「数値を合計」を終了する
4	Subプロシージャ「計算を実行する」を開始する
5	10と5を引数としてFunctionプロシージャ「数値を合計」を実行し、その戻り値を変数「val」に代入する
6	メッセージボックスで変数「val」の値を出力する
7	Subプロシージャ「計算を実行する」を終了する

■ **引数と戻り値**

引数とは、プロシージャや関数に渡す値のことです。戻り値とは、関数が処理を行った後に、その結果として呼び出し元に返す値のことを指します。

プロシージャの中に決まった数値や文字を直接書いた場合、常に同じ結果しか得られず、柔軟な処理ができません。引数を使うことで、異なる値をもとに異なる結果を得ることができます。

また、戻り値を活用すると、関数で計算や処理を行った結果を呼び出し元で利用できます。引数と戻り値を組み合わせることで、1つのプロシージャで多彩な処理ができるようになります。これにより、似たような計算や処理をしたいとき、同じコードを何度も書かなくても、作成済みのFunctionプロシージャを呼び出すだけで済ませられます。

プロシージャを構成する3つの要素

ひとつひとつのプロシージャは、「ステートメント」「キーワード」「コメント」という3つの要素で構成されます。本書のエラー解説でも頻出する言葉なので、ここでしっかり意味を確認しておきましょう。

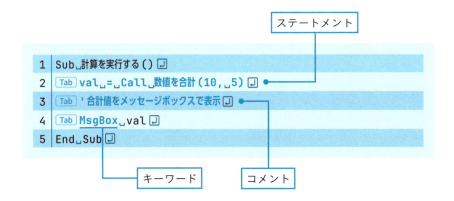

ステートメントとは、VBAにおける完結した命令文のことです。プログラムに何をするかを指示するもので、複数の種類があります。主なステートメントの種類として、「代入」「条件分岐」「ループ処理」などがあります。

キーワード（予約語）は、VBAであらかじめ予約された特別な意味を持つ語のことです。変数宣言時に指定するデータ型や、条件分岐の「If」や繰り返し処理の「For」などがこれにあたり、変数名や関数名としての利用はできません。VBE上では、キーワードは色付きで表示されます。

コメントは、プログラムの可読性を高めるために、コードの中に書かれ

た説明やメモです。VBAでは、シングルクォート（'）から改行までの文字がコメントとして扱われ、プログラムの実行時には無視されます。行の先頭にシングルクォートを付けて1行全体をコメントにすることも可能です。

■ 2つのプロシージャの使い分け

SubプロシージャとFunctionプロシージャは戻り値を返すかどうか以外にも、機能面の違いがあります。Excelの［開発］タブから表示する［マクロ］ダイアログボックスから実行できるのはSubプロシージャのみとなります。Functionプロシージャは［マクロ］ダイアログボックスからは実行できませんが、セルに数式として入力し、実行できます。このため、Functionプロシージャの内容と結果はそのままブック上で確認できます。

［マクロ］ダイアログボックスから実行できるのは、Subプロシージャだけです。

Functionプロシージャは、セルに数式として入力し、実行できます。

オブジェクトとコレクション

オブジェクトとは

Excel VBAにおける「**オブジェクト**」とは、Excelの中で操作できる対象のことです。コードでさまざまなオブジェクトを指定することで、Excelを自動的に操作できます。Excel VBAで使用する主要なオブジェクトは以下の通りです。

■ 主なオブジェクト

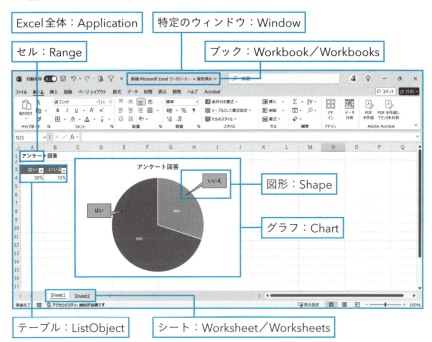

プロパティとメソッドでオブジェクトを操作する

VBAでセルやシートなどのオブジェクトを操作するには、「**プロパティ**」や「**メソッド**」を使います。プロパティはオブジェクトの「見た目」や「内容」を変えるもので、メソッドはオブジェクトに「命令」を出すものです。プロパティやメソッドは、オブジェクトの後ろに「.」（**ピリオド**）を付け、続けて記述することで実行できます。
サンプルコードを見ながら、具体的な使い方を確認しましょう。

■ プロパティでセルに文字を入力する

```
Range("A1").Value = "Hello!"
   ①          ②      ③
```

① セルA1のオブジェクトを取り出す
② セルの中身を取り出すもしくは設定するプロパティ
③ プロパティに値を代入することで、セルに文字を入力する

プロパティやメソッドの中には、プロシージャと同じように引数を受け取れるものもあります。

■ メソッドでセルの内容を消す

```
Range("A1").Clear
   ①         ②
```

① セルA1のオブジェクトを取り出す
② A1セルの内容をクリアする命令

コレクションとは

コレクションとは、同じカテゴリのオブジェクトをまとめたグループのことです。例えば、開いているすべてのワークブックやブック内のすべてのシートなどがコレクションに当たります。

■ 主なコレクション・メンバー

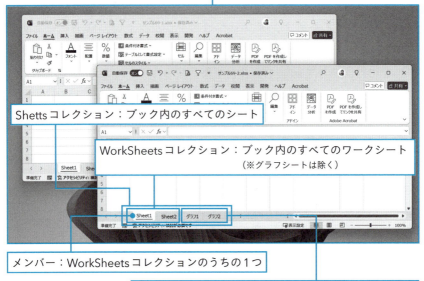

オブジェクトを選択してプロパティやメソッドを実行する

VBAでは、WorkbooksやWorksheets、Rangeといったブックやシート、セル範囲を管理するためのコレクションが最初から用意されています。これらを利用することで、現在操作しているファイルやシート以外のオブジェクトを選択して、プロパティやメソッドを実行できます。

コレクションから特定の要素を取り出すときは、引数に数値もしくは要素の名前を表す文字列を指定します。この数値のことを「**インデックス**」、文字列のことを「**キー**」と呼びます。これらを誤って指定するとエラーが発生する原因となるので注意しましょう。

ワークシートのコレクションから要素（シート）を取り出して、プロパティを操作する簡単なコードを見てみましょう。

■ コレクションからシート名を指定して操作する

```
Worksheets("Sheet3").Name = "2025年売上"
```
① ② ③

① 名前が「Sheet3」のワークシートのオブジェクトを取り出す
② シートの名前を取り出すあるいは設定するプロパティ
③ プロパティに値を代入することで、シートに新しい名前を設定する

■ コレクションからシート番号を指定して操作する

```
Worksheets(3).Name = "2025年売上"
```
①

① 左端から3番目に位置するワークシートのオブジェクトを取り出す

■ オブジェクトの階層構造

Excel VBAのオブジェクトは、階層構造を形成しています。上位のオブジェクトを経由して、下位のオブジェクトにアクセスすることで、Excel内のオブジェクトを正確に操作できます。一例として、Workbookオブジェクトの階層構造を見てみましょう。図にすると、以下のようになります。

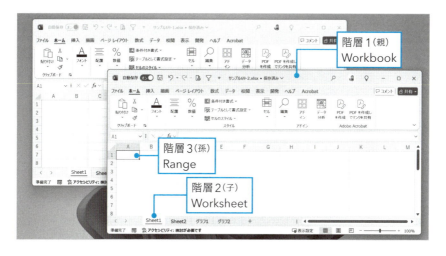

「親」のWorkbookオブジェクト（Excelファイル）の中には、複数の「子」であるWorksheetオブジェクト（シート）が存在し、それぞれのWorksheetオブジェクトの中には、「孫」のRangeオブジェクト（セル）が含まれています。

セルを選択する際は、毎回この階層構造をたどる必要はありません。単に「Range」と記述するだけで、現在操作中のシート内のセルが自動的に選択されます。例えば、現在開いているシートのA1セルに「Hello!」と入力する場合は、次のように記述します。

■ 開いているシートのセルにデータを書き込む

```
Range("A1").Value = "Hello!"
```

一方、別のシートやExcelファイルからデータを取り出したり、入力したりする場合には、この階層構造を上から順にたどってRangeプロパティへとアクセスします。例えば、別のシート「Sheet2」のB2セルに「World!」と入力する場合は、次のように記述します。

■ 別のシートのセルにデータを書き込む

```
Worksheets("Sheet2").Range("B2").Value = "World!"
```

このように、オブジェクトの階層構造は、VBAで複数のExcelファイルやシートを扱う上で欠かせない仕組みとなっています。

KEYWORD 03 変数・定数

変数とは

変数とは、プログラム実行中に数値や文字列などのデータを一時的に格納する箱のようなものです。必要に応じて、自由にデータを出し入れできます。また、さまざまな種類のデータを扱えるため、プログラムを柔軟に動かせるようになります。

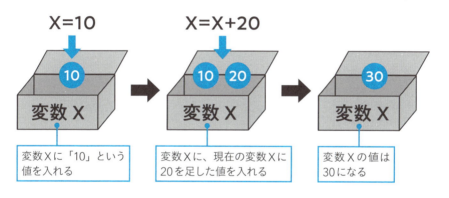

変数Xに「10」という値を入れる

変数Xに、現在の変数Xに20を足した値を入れる

変数Xの値は30になる

■ 変数の使い方

変数を使用するには、まず「宣言」を行います。宣言とは、変数の名前とその変数が格納するデータの型を指定する作業です。変数の宣言には「Dimステートメント」を使い、Dimの後ろに変数名を記述します。このとき変数の名前は、いくつかのルールを守る必要があります。例えば、変数名には、空白や「.」「!」「@」「&」「$」「#」などの記号は使用できません。また、関数名・ステートメント名・メソッド名などと重複する名前も使えないので注意しましょう。あわせて、データ型を指定する場合は、変数名の後ろに「As データ型」と記述します。データ型を指定しない場合は、自動的に「Variant型」が設定されます。

宣言した変数に値を格納することを「代入」と言います。値を代入した変数は、計算に使用したり関数やメソッドの引数として使用したりすることが可能です。

■ 変数を宣言する

> Dim␣変数名⏎

■ 変数に値を格納する

> 変数名␣=␣格納する値⏎

変数の使用例①
変数を使用して値をセルに表示する

```
1  Sub␣変数を宣言する()⏎
2  Dim␣number␣As␣Integer⏎
3  number␣=␣10⏎
4  Range("A1").Value␣=␣number⏎
5  End␣Sub⏎
```

1	Subプロシージャ「変数を宣言する」を開始する
2	Integer型の変数「number」を宣言する
3	変数「number」に「10」を代入する
4	変数「number」に代入した値をセルに表示する
5	Subプロシージャ「変数を宣言する」を終了する

■ オブジェクトの代入

変数には、文字列や数値、日付といった基本的な値だけでなく、セルやワークシートといったオブジェクトも代入できます。オブジェクトを代入する場合は、代入文の先頭に「Set」というキーワードを付ける必要があります（Setステートメント）。このキーワードを付けずにオブジェクトを代入しようとすると、エラーが発生する場合があるので注意しましょう。

■ 変数を宣言する

```
Dim 変数名
```

■ 変数にオブジェクトを格納する

```
Set 変数名 = 格納するオブジェクト
```

変数の使用例②

Workbookオブジェクトを変数に代入する

```
1  Sub 新しいブックを作成する()
2    Dim wb As Workbook
3    Set wb = Workbooks.Add
4    wb.SaveAs Filename:="Sample.xlsx"
5  End Sub
```

1	Subプロシージャ「新しいブックを作成する」を開始する
2	Workbook型の変数「wb」を宣言する
3	Workbookのコレクションで新しい要素を追加することでブックを作成し、変数wbに代入する
4	作成した新しいブックを「Sample.xlsx」という名前で保存する
5	Subプロシージャ「新しいブックを作成する」を終了する

定数とは

定数とは、一度設定すると変更できない固定された値のことです。一度定数として設定した値は、プログラムの実行中に変更できません。そのため、重要な値や変更しない情報を明確に分けて管理したいときに使用します。

定数には、ユーザーが自由に設定できる「ユーザー定義定数」と、VBAであらかじめ用意されている「組み込み定数」があります。ユーザー定義定数は、税率や割引率など計算を行うときに使う値を固定したいときに便利です。組み込み定数は、メッセージボックスのボタン種類や色の指定など、VBAのさまざまな機能で使用されます。これらの定数を使うことで、コード内に直接数値を記述するよりも意味が分かりやすくなります。

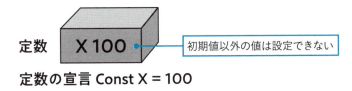

■ 定数の使い方

定数を使用する場合は、宣言と同時に値の指定も行います。定数の宣言は、「Constステートメント」を使います。名前のルールは変数と同じです。データ型は、変数と同じように名前の後ろに「As データ型」と書くことで指定できます。データ型を指定しなかった場合は、自動的に「Variant型」になります。

定数と変数の大きな違いは、値を設定するタイミングです。変数の場合、宣言と値の代入を別々の行で書く必要がありますが、定数の場合は1行で宣言と値の設定ができます。

定数の使用例

選択したセルに入力された金額の消費税を計算する

1	Sub␣商品の消費税を計算する()⏎
2	Const␣TaxRate␣As␣Double␣=␣0.1⏎
3	Dim␣Price␣As␣Double⏎
4	Dim␣Tax␣As␣Double⏎
5	Price␣=␣ActiveCell.Value⏎
6	Tax␣=␣Price␣*␣TaxRate⏎
7	MsgBox␣"税込価格は␣"␣&␣Price+Tax␣&␣"␣円です"⏎
8	End␣Sub⏎

1	Subプロシージャ「税込価格を計算する」を開始する
2	「0.1」をDouble型の定数「TaxRate」として宣言する
3	Double型の変数「Price」を宣言する
4	Double型の変数「Tax」を宣言する
5	変数「Price」にアクティブセルの値を代入する
6	変数「Price」と定数「TaxRate」を乗算して変数「Tax」に代入する
7	6行目の計算結果をメッセージボックスに表示させる
8	Subプロシージャ「税込価格を計算する」を終了する

組み込み定数とは

組み込み定数とは、VBAやExcelアプリケーション自体が事前に定義している定数のことです。セルの操作方向を示すxlUp（上方向）やxlDown（下方向）、貼り付けの種類を指定するxlPasteValues（値を貼り付け）など、Excelの機能や設定に関連した定数が多数用意されています。

これらの定数を使うことで、-4162のような数値を直接コードに書く代わりにxlUpと記述できるため、コードの意味が理解しやすくなります。

KEYWORD 04

データ型

データ型とは

「データ型」とは、変数や定数がどのような種類のデータを扱うかを定義するものです。例えば、数値、文字列、日付など、異なる種類のデータを扱う際は適切なデータ型を選択する必要があります。Excel VBAで使用する主なデータ型は以下の通りです。

■ 主なデータ型

データ型	説明
文字列型（String）	文字列を扱うデータ型
バイト型（Byte）	0〜255の整数を扱うデータ型
整数型（Integer）	-32,768〜32,767の整数を扱うデータ型
長整数型（Long）	整数型では対応できない大きな桁（-2,147,483,648〜2,147,483,647）の整数を扱うデータ型
単精度浮動小数点数型（Single）	小数点を含む数値を扱うデータ型
倍精度浮動小数点数型（Double）	単精度浮動小数点数型よりも大きな桁の小数点を含む数値を扱うデータ型
日付型（Date）	日付と時刻を扱うデータ型
ブール型（Boolean）	TrueまたはFalseを扱うデータ型
通貨型（Currency）	小数点以下4桁〜15桁の数値を扱うデータ型
オブジェクト型（Object）	オブジェクトを参照するデータ型
バリアント型（Variant）	値・オブジェクトを含む任意の型を扱うデータ型

■ **文字列型（String）**
文字列型（String）は、文字列を扱うデータ型です。例えば、名前・住所・IDなどの情報を保存するときによく使われます。文字列の値を作成する際は、値の前後を「"（ダブルクォーテーション）」で囲みます。

■ **整数を扱うデータ型**
整数を保存できるデータ型には「バイト型」「整数型」「長整数型」の3種類があります。
バイト型（Byte）は、0〜255の範囲の正の整数を保存できるデータ型です。整数型（Integer）は、-32,768〜32,767の範囲の整数を保存できるデータ型です。長整数型（Long）は、-2,147,483,648〜2,147,483,647の範囲の整数を保存できるデータ型です。
これらのデータ型は、扱いたい値の範囲やメモリ使用量を考慮して適切な型を選ぶ必要があります。特に、大きな数値を扱うExcelでは、Integer型では、扱える数値の範囲を超えてエラーが起こりがちです。セルの数値を取り出すときや計算するときなどは長整数型を積極的に使ったほうがよいでしょう。

■ **小数を含む数値を扱うデータ型**
小数を保存できるデータ型には、「単精度浮動小数点数型」と「倍精度浮動小数点数型」の2種類があります。単精度浮動小数点数型（Single）は、おおよそ7桁までの数値を扱い、倍精度浮動小数点数型（Double）は、おおよそ15桁までの数値を扱います。単精度浮動小数点数型の方が使用するメモリや計算速度では有利ですが、一般的なパソコンの環境では誤差の範囲です。小数を含む数値を扱う場合は、基本的に精度の高い倍精度浮動小数点数型を使用します。

■ 日付型（Date）

日付型（Date）は、日付や時刻を保存するデータ型です。例えば、書類の作成日や予約日時など、日付や時間に関する情報を保存するときによく使われます。コード内に直接、日付・時刻を記述する場合は、値を「#（シャープ）」で囲みます。

■ ブール型（Boolean）

ブール型（Boolean）は、True（真）または False（偽）の2つの値のみを保存できるデータ型です。条件分岐や繰り返し処理などで、処理を継続するかどうかの判断によく使われます。条件式の結果として返す値であったり、関数やメソッドの引数として値を直接指定するといった使い方が多いため、基本的に変数に代入することはありません。

■ 通貨型（Currency）

大きな金額を扱う際に、Long型やDoubleといったデータ型でも数値の桁数が足りない場合があります。このようなときに使うのが通貨型（Currency）です。-922,337,203,685,477.5808 〜 922,337,203,685,477.5807 の範囲の数値を格納でき、さらに小数点以下4桁までカバーしています。金額計算や財務データを扱う場合に便利なデータ型で、円はもちろんドルやユーロなどの通貨単位も利用できます。

KEYWORD 05 配列

配列とは

「配列」とは、複数の値をまとめて管理できるデータ構造です。通常、変数には1つの値しか入れることができません。しかし、配列を使うと複数のデータをまとめて管理できるようになります。

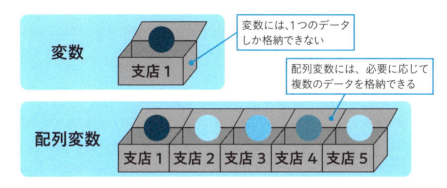

変数には、1つのデータしか格納できない

配列変数には、必要に応じて複数のデータを格納できる

■ 静的配列を使用する

配列には、あらかじめ格納できるデータの個数が決まっている「静的配列」と、後から格納できるデータの個数を変更できる「動的配列」の2つの種類があります。まずは基本的な静的配列の使い方を見ていきましょう。

配列を使うには、まず「配列変数」を宣言する必要があります。変数と同様にDimステートメントを使いますが、通常の変数と違うのは変数名の後ろに「(数値)」を記述する点です。この数値は、配列が格納できる個数を表します。

ここで注意しないといけないのが「(4)」と記述しても、実際に配列に収められる個数は5つになるところです。これは配列内の格納場所が0

番目から始まり、0 から 4 までの合計 5 つの場所が作成されるためです。配列のデータ型を指定する場合は、変数名の後ろに「As データ型」と記述します。指定したデータ型以外の値は、配列に含めることはできません。データ型を指定しない場合は、自動的に Variant 型が設定されます。

■ 配列変数を宣言する

```
Dim 変数名（上限値） As データ型 ↵
```

■ 配列変数に値を代入する

```
変数名（インデックス） = 格納する値 ↵
```

■ インデックスの下限値と上限値を変更する

配列は引数を1つだけ指定すると、インデックスが0から始まります。しかし、データによっては「1」のように特定の番号から始まるようにした方が管理しやすいことがあります。この場合は、配列変数の宣言時に引数を2つ指定することで、インデックスの範囲を自由に設定できます。例えばインデックス「1」から始め、「5」までの範囲にしたい場合は、引数を「1 To 5」のように指定します。

動的配列とは

「動的配列」とは、プロシージャの実行中に配列の要素数を変更できる機能です。通常の配列は宣言するときに要素数が固定されますが、動的配列を使用すると必要に応じて要素数を変更できます。内容が変動する可能性のある集計表や売上表など、データの数が事前に分からないシーンで活用すると便利です。

また、静的配列は、長さの指定に変数が使用できないというルールがあります。長さを変数で指定したい場合は、動的配列を使用する必要があります。

■ 動的配列を使うには

動的配列を使う場合は、Dimステートメントで配列を宣言するときに、要素数をあえて記述しないようにします。これによってその配列は動的配列と見なされ、プログラム実行中でも要素数を柔軟に変更できるようになります。

■ 動的配列の宣言

```
Dim 変数名() As データ型 ↵
```

■ 配列変数を宣言する

```
Dim scores(4) As Integer ↵
 ①    ②    ③    ④
```

① 変数の宣言を開始する
② 配列変数の名前を設定する
③ 配列変数に作成する格納場所の数を指定する
④ 配列に収める値のデータ型を指定する

■ 配列にデータを収める・取り出す

配列からデータを取り出したいときは、変数の配列変数の後ろに「(番号)」と記述します。このカッコ内に記述する番号のことを「インデックス」といいます。配列内にデータを入れたいときは、配列変数にインデックスを指定して、通常の変数と同じように「=」に代入したい値を記述します。

■ 配列変数にデータを代入する

```
Dim scores(4) As Integer
scores(0) = 100
```
① ②　　③

① データを格納したい配列変数を記述する
② 格納場所のインデックスを指定する
③ 代入した値を記述する

■ 配列変数からデータを取り出す

```
scores(0) = 100
MsgBox scores(0)
```
　　　　　①　　②

① データを取り出したい配列変数を記述する
② 格納場所のインデックスを指定する

■ 動的配列の要素数を指定

```
ReDim 変数名(上限値)
```

演算子

演算子とは

演算子は、Excel VBAで数値の計算、値の比較、条件分岐、文字列の結合などを行うときに使用される記号のことです。VBAで使用する演算子は、「**算術演算子**」「**比較演算子**」「**文字列連結演算子**」「**論理演算子**」「**代入演算子**」の5つに分けられます。ここでは代表的な演算子を紹介します。

■ 算術演算子

算術演算子は、数値の計算を行う際に使用する演算子です。加算（+）減算（-）、乗算（*）、除算（/）の4つは、Excelの数式と同じです。

演算子	意味	使用例	結果
+	足し算	6+3	9
-	引き算	6-3	3
*	掛け算	6*3	18
/	割り算	6/3	2
^	べき乗	6^3	216
￥	割り算の整数値の答え	6￥3	2
Mod	割り算の余り	6Mod3	0

■ 比較演算子

比較演算子は、2つの値を比較して、結果をTrueまたはFalseで返す演算子です。コードで条件式及び条件分岐を行うときなどによく使用されます。

演算子	意味	使用例	結果
=	等しい	A=B（Aが10、Bが5とする）	False
<=	以下	A<=B（Aが10、Bが5とする）	False
<	より小さい	A<B（Aが10、Bが5とする）	False
>=	以上	A>=B（Aが10、Bが5とする）	True
>	より大きい	A>B（Aが10、Bが5とする）	True
<>	等しくない	A<>B（Aが10、Bが5とする）	True
Like	パターンマッチング	"VBA" Like "VB?"	True
IS	オブジェクト比較	Worksheets(1) Is Worksheets(2)	False

■ 文字列連結演算子

文字列結合演算子は、複数の文字列を結合するための演算子です。なお、数値が含まれる場合に「+」を使うと加算の方が優先されてしまうため、基本的には「&」を使うことをおすすめします。

演算子	意味	使用例	結果
&	文字列の連結	"A"&"B"	AB
+	文字列の連結	"A"+"B"	AB

■ 論理演算子

論理演算子は、複数の条件を組み合わせるときに使う演算子です。結果はTrueまたはFalseで返します。条件分岐やループを行うときに頻繁に使います。

演算子	意味	使用例	結果
And	条件1を満たし、条件2も満たす場合にTrue	条件1 And 条件2	False
Or	条件1を満たす、または条件2のいずれかを満たす場合にTrue	条件1 Or 条件2	True
Not	条件1の結果（True/False）を反転する	Not 条件1	False

※使用例の条件1はTrue、条件2はFalseとする

■ 代入演算子

値やオブジェクトを変数やプロパティに割り当てることを目的とした演算子です。Excel VBAにおいては、代入演算子として「**=**」を使います。なお、比較演算子と代入演算子は同じ「=」を使います。ステートメントの先頭に変数名が来る、「Set 変数名」に続けて「=」が記述されるなど、代入文であることが明らかな場合は代入演算子として扱われ、それ以外の場合は比較演算子として扱われます。

演算子	意味	使用例
=	右辺の値を、左辺の変数やプロパティに格納（代入）する	myMsg = "こんにちは"

■ 演算子「=」の使い分け

```
Dim a As Integer
a = 5
If a = 5 Then MsgBox "aの値は5"
```

① 変数「a」に値を代入する代入演算子として「=」を使用
② 変数「a」と5が等しいか確認する比較演算子として「=」を使用

KEYWORD 07 関数

VBA関数とは

関数とは、特定の処理を実行し、その結果を返すプログラムのことです。VBAには、最初から利用できる関数がいくつも用意されており、これを「VBA関数」や「組み込み関数」といいます。また、普段皆さんが使っているExcelのワークシート関数も、実はVBA上で利用できます。ただし、VBA関数の中には名前が同じでも機能が異なるものや、同じ機能を持ちながらも名前が異なるものも存在します。ここでは、主なVBA関数とワークシート関数の違いについて解説します。

■日付／時刻関数

VBAには、現在の日付や時刻などを取得できる関数が用意されています。主なVBA関数は以下の通りです。

VBA関数	ワークシート関数	意味	使用例	結果
Date	TODAY	現在の日付を取得する	Date	2024
Time	−	現在の時刻を取得する	Time	14
Now	NOW	現在の日付と時刻を取得する	Now	30
Year	YEAR	指定された日付から年を取得する	Year(#3/20/2024#)	2024
Month	MONTH	指定された日付から月を取得する	Month(#3/20/2024#)	3
Day	DAY	指定された日付から日を取得する	Day(#3/20/2024#)	20
Hour	−	指定された時刻から時を取得する	Hour(#3/20/2024 14:30:45#)	14
Minute	−	指定された時刻から分を取得する	Minute(#3/20/2024 14:30:45#)	30
Second	−	指定された時刻から秒を取得する	Second(#3/20/2024 14:30:45#)	45
DateValue	−	文字列を日付データに変換する	DateValue("2024年3月20日")	2024/3/20
TimeValue	−	文字列を時刻データに変換する	TimeValue(14時30分45秒)	14:30:45

■ 文字列を操作する

VBAには、文字列の一部を取得したり、文字列の長さを調べたりなど、文字列に関する操作を行える関数が用意されています。主なVBA関数は以下の通りです。

VBA関数	ワークシート関数	意味	使用例	結果
Left	LEFT	指定した文字列を指定した文字数分左から取得する	Left("エクセル関数", 4)	エクセル
Right	RIGHT	指定した文字列を指定した文字数分右から取得する	Right("エクセル関数", 2)	関数
Mid	MID	指定した文字列の位置から、指定した文字数分取得する	Mid("エクセル関数", 3, 2)	セル
Len	LEN	指定した文字列の文字数を取得する	Len("VBA関数とワークシート関数")	15
Format	TEXT	数値や日付を指定した表示形式に変換する	Format(12345.6789, "#,##0.00")	12,345.68

■ データ型を操作する関数

引数に指定した値のデータ型を確認したり変換したりする関数もあります。主なVBA関数は以下の通りです。

VBA関数	ワークシート関数	意味	使用例	結果
IsNumeric	ISNUMBER	指定した値が数値形式か調べる	IsNumeric("12345")	True
IsDate	—	指定した値が日付形式か調べる	IsDate("2024/3/20")	True
CLng	—	引数をLong型の数値に変換する。小数が含まれている場合は四捨五入される	CLng(12345.67)	12345
CDate	DATEVALUE	引数をDate型に変換する	CDate("2024年3月20日")	2024/03/20
TypeName	なし	変数やオブジェクトの種類を調べる。戻り値はデータ型の名前が表示される	TypeName(12345)	Double

■ ワークシート関数

ワークシート関数とは、Excelでセルに入力して使用する関数のことです。Excel VBAで「WorksheetFunction」オブジェクトを使用することでワークシート関数を呼び出すことができます。SUM関数のようにワークシート関数でしか利用できない機能もあるため、覚えておくと便利です。

■ ワークシート関数の実行方法

```
WorksheetFunction.ワークシート関数名(引数)
```

ワークシート関数の使用例

```
1  Sub SUM関数を使う()
2    Dim total As Double
3    total = WorksheetFunction.Sum(Range("A1:A10"))
4    MsgBox "合計は " & total
5  End Sub
```

1	Subプロシージャ「SUM関数を使う」を開始する
2	Double型の変数「total」を宣言する
3	ワークシート関数「SUM関数」を呼び出して、指定した範囲の合計値を求める。計算結果は変数「total」に代入する
4	変数「total」と文字列を結合しメッセージボックスで表示する
5	Subプロシージャ「SUM関数を使う」を終了する

KEYWORD 08 条件分岐

条件分岐とは

プログラミングでは、設定した条件を満たした場合（True）と満たさない場合（False）で、それぞれ異なる処理をしたいときに条件分岐という仕組みを使って場合分けを行います。VBAで条件分岐を行う方法はいくつかありますが、その中でもよく使われるのが「If」ステートメントです。ここでは、Ifステートメントの基本的な使い方を解説します。

条件式とは

条件式とは、TrueもしくはFalseのブール値を返す式のことです。比較演算子（=, <>, >, <, >=, <=）を使って2つの値を比較したり、ブール値を返す関数を使ったりすることで条件を設定します。

条件を満たすときだけ処理を実行する

条件を満たすときだけ処理を行いたいときは、「If...Then...Else...End If」ステートメントを記述しましょう。Ifの後ろに記述した条件式がTrueの場合、次の行からEnd Ifの間に記述したステートメントが実行されます。条件式がFalseだった場合は、何も実行されません。

実行したい処理が1つだけの場合は、処理をThenの後に記述することで、条件分岐を1行で完結させることができます。ただし、この書き方はエラーを招きやすいため、基本的にはEnd Ifと組み合わせる書き方をお勧めします。

■ 処理が1つの場合

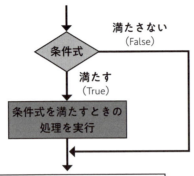

条件を満たす場合のみ処理を実行する

■ If...Thenステートメントの書き方

```
If_条件式_Then_処理 ↵
```

■ If...Thenステートメントの使用例

```
1  Sub_条件を満たすときだけ処理を実行①() ↵
2  [Tab] If_IsEmpty(Range("A1"))_Then_MsgBox_"セルA1は空です" ↵
3  End_Sub ↵
```
            ❶   ❷

❶ セルA1が空白かどうかを判定する条件式を設定する。
❷ Trueの場合に、「セルA1は空です」とメッセージを表示する。

■ If...Then...End Ifステートメントの書き方

```
If_条件式_Then ↵
    [Tab] 処理 ↵
End_If ↵
```

If...Then...End Ifステートメントの使用例

```
1  Sub 条件を満たすときだけ処理を実行②()
2    If Range("A1").Value < 0 Then
3      Range("A1").Interior.Color = RGB(255, 0, 0)
4    End If
5  End Sub
```

1	Subプロシージャ「条件を満たすときだけ処理を実行1」を開始する
2	条件式がTrueの場合に、以下の処理を実行する（If...Then...End Ifステートメントの開始）。条件式は、セルA1の値が0より小さい場合にTrueとなる
3	セルA1の背景色を赤色に設定する
4	If...Then...End Ifステートメントを終了する
5	Subプロシージャ「条件を満たすときだけ処理を実行2」を終了する

条件に応じて異なる処理を実行する

条件を満たすとき（True）と満たさないとき（False）の両方で異なる処理を実行したいときは、「If...Then...Else...End If」ステートメントを使いましょう。このステートメントでは、Trueのときに処理1、Falseの場合に処理2を実行します。もちろん処理1、処理2では、それぞれ複数のステートメントを記述することも可能です。

■ 処理が複数の場合

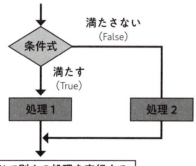

■ If...Then...Else...End If ステートメントの書き方

```
If 条件式 Then ↵
 Tab  処理1 ↵
Else ↵
 Tab  処理2 ↵
End If ↵
```

If...Then...Else...End If ステートメントの使用例

1	Sub TrueとFalseで異なる処理を実行②() ↵
2	Tab If Range("A1").Value >= 65 Then ↵
3	Tab Tab Range("B1").Value = "5%割引" ↵
4	Tab Else ↵
5	Tab Tab Range("B1").Value = "割引なし" ↵
6	Tab End If ↵
7	End Sub ↵

1	Subプロシージャ「TrueとFalseで異なる処理を実行」を開始する
2	条件式がTrueの場合に、以下の処理を実行する（If...Then...Else...End Ifステートメントの開始）。条件式は、セルA1の値が65以上の場合にTrueとなる
3	セルB1に「5%割引」と入力する
4	2行目で指定した条件式がFalseだった場合に、以下の処理を実行する（Else句の開始）
5	セルB1に「割引なし」と入力する
6	If...Then...Else...End If ステートメントを終了する
7	Subプロシージャ「TrueとFalseで異なる処理を実行」を終了する

複数の条件を順番に判定して処理を実行する

複数の条件を順番に判定して処理を実行したい場合は、If...Then...Else...End Ifステートメントに「ElseIf」ステートメントを追加しましょう。このステートメントでは、次の図のように条件式1を満たすときは処理1を実行、満たさないときは条件式2の判定を行います。さらに、条件式2を満たすときは処理2を実行し、満たさないときは条

件式3の判定を行います。すべての条件を満たさなかった場合は、処理4を実行するというものです。すべての条件を満たさなかった場合に実行する処理がない場合は、「Else」を省略できます。

■ 条件が複数ある場合

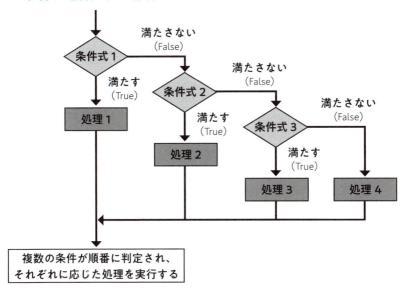

■ ElseIfステートメントを追加した書き方

```
If 条件式 Then
    処理1
ElseIf 条件式2 Then
    処理2
ElseIf 条件式3 Then
    処理3
Else
    処理4(すべての条件を満たさなかったときの処理)
End If
```

ElseIfステートメントの使用例

```
1  Sub 複数の条件を順番に判定する()
2    If Range("D2").Value >= 50000 Then
3      Range("D4").Value = "交通費全額支給"
4    ElseIf Range("D2").Value >= 30000 Then
5      Range("D4").Value = "交通費50%支給"
6    ElseIf Range("D2").Value >= 10000 Then
7      Range("D4").Value = "交通費30%支給"
8    Else
9      Range("D4").Value = "交通費支給対象外"
10   End If
11 End Sub
```

1	Subプロシージャ「複数の条件を順番に判定する」を開始する
2	条件式がTrueの場合に、以下の処理を実行する（If...Then...Else...End Ifステートメントの開始）。条件式は、セルD2の値が50,000以上の場合にTrueとなる
3	セルD4に「交通費全額支給」と入力する
4	条件式がTrueの場合に、以下の処理を実行する（ElseIf句の開始）。条件式は、セルD2の値が30,000以上の場合にTrueとなる
5	セルD4に「交通費50%支給」と入力する
6	条件式がTrueの場合に、以下の処理を実行する（ElseIf句の開始）。条件式は、セルD2の値が10,000以上の場合にTrueとなる
7	セルD4に「交通費30%支給」と入力する
8	上の行で指定した条件式がすべてFalseだった場合に、以下の処理を実行する（Else句の開始）
9	セルD4に「交通費支給対象外」と入力する
10	If...Then...Else...End Ifステートメントを終了する
11	Subプロシージャ「複数の条件を順番に判定する」を終了する

KEYWORD 09 繰り返し処理

繰り返し処理とは

同じ処理を何度も実行したい場合、同じコードを何度も書くのは手間がかかり、修正も大変です。プログラミングでは、このような場合に、「繰り返し処理（ループ）」を使います。

VBAでは、繰り返し処理（ループ）を行うために「Forステートメント」や「For Eachステートメント」などを使用します。大量のデータを処理する場合に必須となるので、ここでしっかり基本を覚えておきましょう。

For…Nextステートメント

「For...Next」ステートメントは、指定した回数だけ処理を繰り返すループ処理です。次のように記述し、カウンタ変数が開始値から終了値に至るまで、指定した処理が繰り返されます。カウンタ変数は、for文で「今、何回目の繰り返しか」を数えるための変数です。終了値の後ろに入る「Step」でカウンタ変数がいくつずつ増えるか指定できます。Stepを省略した場合は、カウンタ変数が1ずつ増えていきます。

For…Nextステートメントは、処理を実行したい回数が明確な場合や、繰り返し処理の中でカウンタ変数を使いたい場合に適しています。

■ 繰り返し処理

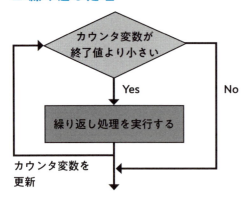

■ For...Nextステートメントの書き方

```
For␣カウンタ変数␣=␣開始値␣To␣終了値␣[Step␣増分値] ↵
[Tab]繰り返し処理 ↵
Next␣カウンタ変数 ↵
```

For...Nextステートメントの使用例①

```
1  Sub 1から10までの数値を表示() ↵
2  [Tab]Dim␣i␣As␣Integer ↵
3  [Tab]For␣i␣=␣1␣To␣10 ↵
4  [Tab][Tab]MsgBox␣"現在の値:"␣&␣i ↵
5  [Tab]Next␣i ↵
6  End␣Sub ↵
```

1	Subプロシージャ「1から10までの数値を表示」を開始する
2	Integer型の変数「i」を宣言する。この変数をカウンタ変数として使用する
3	カウンタ変数が1から10になるまで以下の処理を繰り返す（For Nextステートメントの開始）
4	変数「i」と文字を結合し、メッセージボックスで表示する
5	次のループに移行する
6	Subプロシージャ「1から10までの数値を表示」を終了する

For...Nextステートメントの使用例②

```
1  Sub Stepを指定して2ずつ増加()
2    Dim i As Integer
3    For i = 1 To 10 Step 2
4      MsgBox i
5    Next i
6  End Sub
```

1	Subプロシージャ「Stepを指定して2ずつ増加」を開始する
2	Integer型の変数「i」を宣言する。この変数をカウンタ変数として使用する
3	カウンタ変数が1から10になるまで以下の処理を繰り返す（For Nextステートメントの開始）。「Step 2」を指定しているため、カウンタ変数は1, 3, 5, 7, 9のように2ずつ増加する
4	変数「i」と文字を結合し、メッセージボックスで表示する
5	次のループに移行する
6	Subプロシージャ「Stepを指定して2ずつ増加」を終了する

For Each…Nextステートメント

配列やコレクション（複数の要素を持つデータ構造）を順番に処理したい場合、「For Each…Next」ステートメントが便利です。For…Nextステートメントでも同様の処理は可能ですが、配列やコレクションのインデックス番号の開始と終了を把握しておく必要があります。一方、For Each…Nextステートメントでは、配列の要素を1つずつ要素変数に代入し、配列の最後の要素まで処理するとループが終了します。そもそもインデックス番号を使用しないため、インデックスの誤りによるエラーを確実に防ぐことができます。

配列、セル範囲、ワークシート、オブジェクトコレクションなどを扱う際に使用します。

■ 配列と組み合わせた繰り返し処理

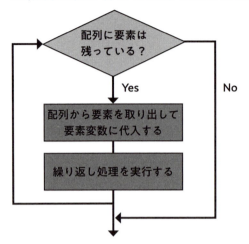

■ For Each...Nextステートメントの書き方

```
For Each 要素変数 In コレクション（または配列）
    繰り返し処理
Next 要素変数
```

■ For Each...Nextステートメントの使用例①

```
1  Sub 繰り返し処理1()
2      Dim fruits As Variant
3      Dim fruit As String
4      fruits = Array("りんご", "バナナ", "オレンジ")
5      For Each fruit In fruits
6          MsgBox fruit  ' "りんご", "バナナ", "オレンジ" が出力
7      Next fruit
8  End Sub
```

1	Subプロシージャ「繰り返し処理1」を開始する
2	Variant型の変数「fruits」を宣言する
3	String型の変数「fruit」を宣言する。この変数を要素変数として使用する

4	Array関数で「りんご」、「バナナ」、「オレンジ」の3つの文字列を含む配列を作成し、変数「fruits」に代入する
5	配列変数「fruits」から要素を1つずつ取り出し、変数「fruit」に代入して、以下の処理を実行する（For Each...Nextステートメントの開始）
6	変数「fruit」の値をメッセージボックスで表示する
7	次のループに移行する
8	Subプロシージャ「繰り返し処理1」を終了する

For Each...Nextステートメントの使用例②

```
1  Sub 繰り返し処理2()
2      Dim cell As Range
3      For Each cell In Range("A1:A5")
4          cell.Value = "データ"
5      Next cell
6  End Sub
```

1	Subプロシージャ「繰り返し処理2」を開始する
2	Range型の変数「cell」を宣言する。この変数を要素変数として使用する
3	セル範囲A1:A5のRangeオブジェクトを持つコレクションから要素を1つずつ取り出し、変数「cell」に代入して、以下の処理を実行する（For Each...Nextステートメントの開始）
4	変数「cell」に代入されているセルに文字列「データ」を入力する
5	次のループに移行する
6	Subプロシージャ「繰り返し処理2」を終了する

INDEX

数字
0で除算しました。 154

A
ActiveX コンポーネントはオブジェクトを作成できません。 276
Append モード 193
Array関数 138

B
Boolean 326
Byte 325

C
ChDriveステートメント 216
Closeステートメント 200, 213
Constステートメント 77, 322
CreateObject関数 278
Currency 326

D
Date 326
DateAdd関数 128
DateDiff関数 128
Declareステートメント 289
Dimステートメント 319
Dir関数 203
Doに対応するLoopがありません。 49

E
End If に対応するIf ブロックがありません。 38
End Withが必要です。 49
End Withに対応するWithがありません。 41
Environ関数 235
EOF関数 208
Exit Sub 31

F
For Eachステートメント 146, 343
For Eachを配列で使用する場合は、バリアント型の配列でなければなりません。 42

For
Forステートメント 343
Forに対応するNextがありません。 49
Forループが初期化されていません。 245
Functionプロシージャ 311

G
GoSubステートメント 116
GoToステートメント 123

I
Ifステートメント 337
If ブロックに対応するEnd If がありません。 46
Integer 325
IsNull関数 258
IsNumeric関数 167

L
Left関数 128
Like演算子 250
ListIndexプロパティ 261, 267
Listプロパティを設定できません。プロパティ配列のインデックスが無効です。 263
LoadPicture関数 298
LoadPictureステートメント 186
LongLong型 131
Long型 131
Loopに対応するDoがありません。 41

M
Mid関数 128

N
Nextに対応するForがありません。 41
Nullの使い方が不正です。 253

O
On Error GoToステートメント 30, 32
Openステートメント 180, 186, 213, 222
Option Explicitステートメント 106

P

ParamArray ... 65
Property Let プロシージャが定義されておらず、Property Get プロシージャからオブジェクトが返されませんでした。 ... 284
PtrSafe ... 290

R

ReDimステートメント ... 146
Resume Next ... 34
Resume Nextステートメント ... 123
Returnステートメント ... 116
Returnに対応するGoSubがありません。 ... 116
Right関数 ... 128
RowSourceプロパティ ... 261

S

Seek関数 ... 212
Select Caseに対応するEnd Selectがありません。 ... 41, 49
Setステートメント ... 241, 321
Single ... 325
String ... 325
Subプロシージャ ... 310
Sub または Function が定義されていません。 ... 50

V

VBA関数 ... 97, 334

W

Workbooksコレクション ... 136
Worksheetsコレクション ... 136

あ

アクセス権限 ... 227
値の取得のみ可能なプロパティに値を設定することはできません。 ... 53
アプリケーション定義またはオブジェクト定義のエラーです。 ... 299
暗黙的な型変換 ... 161
一番手前(前面)のモーダルフォームを先に閉じてください。 ... 271

インデックス ... 134, 316
インデックスが有効範囲にありません。 ... 134
エラーが発生していないときにResumeを実行することはできません。 ... 168
エラー番号 ... 25, 28
演算子 ... 331
エントリ○○がDLLファイル××内に見つかりません。 ... 287
オーバーフローしました。 ... 129
同じ適用範囲内で宣言が重複しています。 ... 55
オブジェクト ... 314
オブジェクトが必要です。 ... 274
オブジェクトは、このプロパティまたはメソッドをサポートしていません。 ... 279
オブジェクト変数またはWithブロック変数が設定されていません。 ... 239

か

書き込みできません。 ... 222
型が一致しません。 ... 158
カレントディレクトリ ... 219
カレントドライブ ... 219
環境変数 ... 235
関数 ... 334
既定のプロパティ ... 283
クイックヒント ... 93
区切り記号 ... 70
繰り返し処理 ... 343
構文 ... 26
構文エラー ... 60
このキーは既にこのコレクションの要素に割り当てられています。 ... 291
この配列は固定されているか、または一時的にロックされています。 ... 143
コメント ... 312
コレクション ... 134, 315
コンパイル ... 27
コンパイルエラー ... 22, 26

さ

再帰処理 ... 177
算術演算子 ... 331
参照が不正または不完全です。 ... 66

識別子	71
実行時エラー	24, 28
修正候補：区切り記号 または ）	68
修正候補：識別子	71
修正候補: ステートメントの最後	74
条件分岐	337
数値	129
スコープ	153
スタック領域が不足しています。	175
ステートメント	312
既に同名のファイルが存在しています。	201
静的配列	149, 327
絶対パス	237
相対パス	237

た

代入	320
代入演算子	333
定数	322
定数式が必要です。	77
定数には値を代入できません。	83
データ型	113, 158, 324
デバイスが準備されていません。	216
デバッグ	27, 29
動的配列	149, 329

な

名前が適切ではありません	86
名前付き引数が見つかりません。	90

は

配列	134, 143, 327
パスが見つかりません。	233
パス名が無効です。	227
パターン文字列が不正です。	250
比較演算子	332
引数	100, 128
引数の数が一致していません。 または不正なプロパティを指定しています。	94
引数は省略できません。	98
ピクチャが不正です。	297
ファイルが多すぎます。	213
ファイルが見つかりません。	186
ファイルにこれ以上データがありません。	206
ファイルの終端	206
ファイルは既に開かれています。	194
ファイル番号	184, 197
ファイル名または番号が不正です。	180
ファイルモード	192
ファイル モードが不正です。	190
フォームは既に表示されているので、モーダル表示することはできません。	268
プロシージャ	310
プロシージャの呼び出し、または引数が不正です。	124
プロパティ	315
プロパティの使い方が不正です。	101
プロパティを設定できません。プロパティの値が無効です。	259
変数	319
変数が定義されていません。	106

ま

メソッド	315
メソッドまたはデータメンバーが見つかりません。	109
文字列連結演算子	332

や

ユーザー定義型は定義されていません。	113

ら

リストボックス	261
リテラル	82, 133
リモート サーバー がないか、使用できる状態ではありません。	294
論理演算子	332

わ

ワークシート関数	336

■ **著者**

澤田 竹洋

浦辺制作所代表。編プロ時代に執筆・編集したIT系書籍は優に100冊以上。企画から携わった書籍のなかには、発行部数が50万部を超えたものも。オフィスソフトやプログラミングに明るく、ライターとしてのキャリアも長い。

※プレゼントの賞品は変更になる場合があります。

■ **STAFF**

ブックデザイン	山之口正和＋永井里実＋齋藤友貴(OKIKATA)
DTP制作	関口　忠
デザイン制作室	今津幸弘……imazu@impress.co.jp
	鈴木　薫……suzu-kao@impress.co.jp
制作担当デスク	柏倉真理子……kasiwa-m@impress.co.jp
デスク	荻上　徹……ogiue@impress.co.jp
編集長	藤井貴志……fujii-t@impress.co.jp

■商品に関する問い合わせ先

このたびは弊社商品をご購入いただきありがとうございます。本書の内容などに関するお問い合わせは、下記のURLまたは二次元バーコードにある問い合わせフォームからお送りください。

https://book.impress.co.jp/info/

上記フォームがご利用いただけない場合のメールでの問い合わせ先
info@impress.co.jp

※お問い合わせの際は、書名、ISBN、お名前、お電話番号、メールアドレスに加えて、「該当するページ」と「具体的なご質問内容」「お使いの動作環境」を必ずご明記ください。なお、本書の範囲を超えるご質問にはお答えできないのでご了承ください。

● 電話やFAXでのご質問には対応しておりません。また、封書でのお問い合わせは回答までに日数をいただく場合があります。あらかじめご了承ください。
● インプレスブックスの本書情報ページ https://book.impress.co.jp/books/1124101063 では、本書のサポート情報や正誤表・訂正情報などを提供しています。あわせてご確認ください。
● 本書の奥付に記載されている初版発行日から3年が経過した場合、もしくは本書で紹介している製品やサービスについて提供会社によるサポートが終了した場合はご質問にお答えできない場合があります。

■落丁・乱丁本などの問い合わせ先
FAX　03-6837-5023
service@impress.co.jp
※古書店で購入された商品はお取り替えできません。

Excel VBAのエラーを直す本
なぜ、あなたのVBAはスムーズに動かないのか？

2025年5月1日　初版発行

著　者　澤田竹洋
発行人　高橋隆志
編集人　藤井貴志
発行所　株式会社インプレス
　　　　〒101-0051　東京都千代田区神田神保町一丁目105番地
　　　　ホームページ　https://book.impress.co.jp/

本書は著作権法上の保護を受けています。本書の一部あるいは全部について（ソフトウェア及びプログラムを含む）、株式会社インプレスから文書による許諾を得ずに、いかなる方法においても無断で複写、複製することは禁じられています。

Copyright © 2025 Takehiro Sawada. All rights reserved.

印刷所　株式会社暁印刷
ISBN978-4-295-02022-6　C3055
Printed in Japan